コードレベルで比べる React Angular Vue.js

フレームワークの選択で後悔しないために

末次 章［著］

日経BP

はじめに

本書は、フロントエンド向けアプリケーションフレームワークの選択に悩んでいる人向けの本です。

- 何種類もあるので、どれを選んだらよいかわからない
- とりあえず入門記事を読んで試したが、途中で挫折した
- すでに利用経験があるが、他のフレームワークが気になる

ネットでも、フレームワークの違いについての情報は入手できますが、「どれが自分に最適なのか？」は、なかなか解決できません。

- 未経験のため、比較項目の意味や重要性がわからない
- 前提条件が異なり、自分の開発に最適かどうかわからない
- 大規模、小規模向けと言われても具体的な判断基準がわからない

まるで、免許とりたてで運転経験の少ない人が、カタログとクチコミを見て、自分の用途や好みに合った車を選ぶようなものです。かなり無理があります。最終的には、乗り比べてみないと自分にとっての違いはわかりません。

フレームワークも車と同じです。実際に使ってみないと違いがよくわかりません。本書では、前提知識を身につけた後、同一機能を持つサンプルやアプリの実装コードをフレームワークごとに比較します。フレームワークが未経験でもコードレベルの比較ができるように、詳しくコメントを付けています。具体的には、4ステップで違いをしっかりと把握したうえで、納得のいく選択ができます。

ステップ1　前提知識の解説［用語、機能］（1-2章）
ステップ2　開発環境の操作体験（3章）
ステップ3　コード比較［機能別、アプリ］（4-5章）
ステップ4　選択の考え方（6章）

末次　章

本書を読む前に

更新情報

まず、本書の訂正情報とサポートページを下記URLで確認してください。

- 日経BPのサイト（正誤表：書名もしくはISBNで検索してください。ISBNで検索する際は－（ハイフン）を抜いて入力してください）
  https://bookplus.nikkei.com/catalog/
- 本書サポートサイト
  https://www.staffnet.co.jp/hp/pub/support/

本書の読み方

第１章から第６章まで、順番に読まれることを想定しています。

前提知識

HTML、JavaScript、CSSの基本を理解していることを前提としています。

システム環境

本書は以下のシステム環境でプログラムの作成・実行をしています。それ以外の環境では画面の表示や動作が異なる可能性があります。

- Windows10 Enterprise 21H2　build19044.1889
- Google Chrome　104.0.5112.82
- React 18.2.0
- Angular 14.0.0
- Vue.js 3.2.37

その他

本書の内容については十分な注意を払っておりますが、完全なる正確さを保証するものではありません。訂正情報は適宜、更新情報のWebサイトで公開します。

CONTENTS

はじめに ……… (3)
本を読む前に ……… (4)

第1章 フレームワーク比較のための基礎知識 1

1-1 フレームワークの選択肢 1

1-1-1 絞り込みの条件 ……… 1
1-1-2 絞り込みの結果 ……… 2

1-2 共通の用語 2

1-2-1 用語一覧 ……… 2
1-2-2 データバインド ……… 3
1-2-3 仮想DOM ……… 4
1-2-4 コンポーネント ……… 6
1-2-5 状態管理ライブラリ ……… 10
1-2-6 ルーター ……… 12
1-2-7 ビルド ……… 14

1-3 実装パターン 15

1-3-1 概要 ……… 15
1-3-2 ページ埋め込み ……… 15
1-3-3 シンプルなSPA ……… 16
1-3-4 複雑なSPA ……… 18

第2章 フレームワークの特徴と機能の比較 21

2-1 Reactの特徴 21

2-1-1 生い立ち（React） 22
2-1-2 設計方針（React） 22
2-1-3 JSXとは 22
2-1-4 記述スタイル（React） 24
2-1-5 実装パターンごとの対応（React） 26
2-1-6 導入後のメンテナンス（React） 28

2-2 Angularの特徴 29

2-2-1 生い立ち（Angular） 29
2-2-2 設計方針（Angular） 30
2-2-3 コンポーネント作成例（Angular） 31
2-2-4 記述スタイル（Angular） 32
2-2-5 実装パターンごとの対応（Angular） 34
2-2-6 導入後のメンテナンス（Angular） 35

2-3 Vue.jsの特徴 37

2-3-1 生い立ち（Vue.js） 38
2-3-2 設計方針（Vue.js） 39
2-3-3 コンポーネント作成例（Vue.js） 39
2-3-4 記述スタイル（Vue.js） 40
2-3-5 実装パターンごとの対応（Vue.js） 43
2-3-6 導入後のメンテナンス（Vue.js） 44

2-4 特徴の比較 46

2-4-1 比較表 46
2-4-2 項目ごとの比較 47

第3章 開発環境を体験して比較 53

3-1 Reactの開発環境 53

3-1-1 CDNを利用した開発環境（React） 53
3-1-2 CDNを利用した開発を体験（React） 57
3-1-3 ツールチェーンを利用した開発（React） 63
3-1-4 Create React Appを体験 65
3-1-5 テストページのコード確認（React） 68

3-2 Angularの開発環境 73

3-2-1 CDNを利用した開発環境（Angular） 73
3-2-2 ツールチェーンを利用した開発（Angular） 74
3-2-3 Angular CLIを体験 75
3-2-4 テストページのコード確認（Angular） 79

3-3 Vue.jsの開発環境 86

3-3-1 CDNを利用した開発環境（Vue.js） 86
3-3-2 CDNを利用した開発を体験（Vue.js） 88
3-3-3 ツールチェーンを利用した開発（Vue.js） 92
3-3-4 create-vueを体験 94
3-3-5 テストページのコード確認（Vue.js） 99

3-4 開発環境のまとめ 104

3-4-1 CDNを利用した開発のメリット（共通） 104
3-4-2 ツールチェーンを利用した開発のメリット（共通） 105
3-4-3 開発環境のフレームワーク比較 105

第4章 機能ごとのサンプルコード比較 107

4-1 準備 109

4-1-1 サンプルコードの取得 109
4-1-2 サンプルコードの構造 109
4-1-3 サンプルコードの動作確認 119
4-1-4 複数の記述方法 121

4-2 サンプルコード比較 123

4-2-1 HTML出力（サンプル＃1） 124
4-2-2 データバインド（サンプル＃2） 127
4-2-3 プロパティバインド（サンプル＃3） 129
4-2-4 イベント処理（サンプル＃4） 132
4-2-5 表示・非表示切り替え（サンプル＃5） 136
4-2-6 繰り返し表示（サンプル＃6） 142
4-2-7 フォーム入力取得（サンプル＃7） 147
4-2-8 変更検知と再レンダリング（サンプル＃8） 151
4-2-9 子コンポーネントへデータ渡し（サンプル＃9） 157

第5章 同じアプリの実装コード比較 165

5-1 to-doリストアプリの概要 165

5-1-1 動作概要 165
5-1-2 機能と制限 166
5-1-3 画面フロー（登録） 166
5-1-4 画面フロー（編集） 168

5-2 to-doリストアプリのインストール 170

5-2-1 アプリの取得 170
5-2-2 アプリのフォルダ構造 170
5-2-3 アプリの動作確認 175

5-3 to-doリストアプリの内部構造 176

5-3-1 コンポーネントの構成 176
5-3-2 コンポーネントごとの役割分担 177
5-3-3 状態変数の構造 178
5-3-4 処理フロー概要 180
5-3-5 コンポーネント連携（親から子へのデータ渡し） 180
5-3-6 コンポーネント連携（イベント処理） 182
5-3-7 to-doリストアプリ内部構造のまとめ 191

5-4 to-doリストアプリのコード比較 191

5-4-1 コンポーネント連携のコード（React） 192
5-4-2 ルートコンポーネントのコード（React） 197
5-4-3 Listコンポーネントのコード（React） 203
5-4-4 Dialogコンポーネントのコード（React） 205
5-4-5 コンポーネント連携のコード（Angular） 210
5-4-6 ルートコンポーネントのコード（Angular） 216
5-4-7 Listコンポーネントのコード（Angular） 222
5-4-8 Dialogコンポーネントのコード（Angular） 224
5-4-9 コンポーネント連携のコード（Vue.js） 230
5-4-10 ルートコンポーネントのコード（Vue.js） 235
5-4-11 Listコンポーネントのコード（Vue.js） 240
5-4-12 Vue.js のDialogコンポーネントのコード 243
5-4-13 まとめ 247

第6章 フレームワーク選択の考え方 251

6-1 選択のための視点 251

6-1-1 DOM操作の構文（JSXとテンプレート） 251
6-1-2 アプリ実装パターン 253
6-1-3 開発体制 254
6-1-4 学習目的 256
6-1-5 その他 256

6-2 導入例 258

6-2-1 大規模ECサイト（React） 258
6-2-2 損害保険代理店システム（Angular） 260
6-2-3 特定業種向け取引システム（Vue.js） 262

6-3 Yes/Noチャートによる選択 264

6-3-1 Yes/Noチャート 264
6-3-2 選択結果の解説 265

6-4 まとめ 266

索引 267

第1章 フレームワーク比較のための基礎知識

1章では、フレームワークの比較に必要な前提知識として、「選択対象となるフレームワークの絞り込み」、「フレームワーク共通の新しい概念と用語」、「アプリの実装パターン」を扱います。

1-1 フレームワークの選択肢

1-1-1 絞り込みの条件

現在、フロントエンド向けアプリケーションフレームワーク（以降「フレームワーク」と略記）にはさまざまな選択肢があります。本書のタイトルを見て、「フレームワークの選択肢はたった3つじゃない」と思った人もいるかもしれません。本書では、学習環境が整っていることやメンテナンスの永続性を重視して、以下の条件で絞り込みました。

1. シングルページアプリケーション（以降SPAと略記）開発向けである
2. 導入実績が多数ある
3. 日本語の入門書籍が多数出版されている
4. これまでメンテナンスが継続して行われている
5. 持続したバージョンアップを期待できる開発体制がある

1-1-2 絞り込みの結果

絞り込みの結果、本書が比較するフレームワークは、React、Angular、Vue.jsの3種類としました（表1-1）。

表1-1 本書が比較するフレームワーク

	React	Angular	Vue.js
初リリース	2013年	2016年	2014年
最新バージョン*1	18.2.0 (2022年6月)	14.2.0 (2022年8月)	3.2.37 (2022年6月)
開発元	Facebook ＋開発コミュニティ	Google ＋開発コミュニティ	Evan You（作者） ＋開発コミュニティ

*1）2022年8月時点の最新バージョン、括弧内はリリース時期

1-2 共通の用語

1-2-1 用語一覧

React、Angular、Vue.jsを比較するために、前提知識として、以下の用語を理解しておいてください（表1-2）。詳細は、「1-2-2 データバインド」以降の各用語の解説を確認してください。

表1-2 フレームワーク共通の用語

用語	説明
データバインド	HTML要素に対する値の取得や設定を簡単に行う機能
仮想DOM	ページ単位で画面を一括操作する仕組み
コンポーネント	画面を分割して開発するための部品
状態管理ライブラリ	アプリ全体のコンポーネントを連携させるライブラリ
ルーター	仮想のURLで画面切り替えを行う仕組み
ビルド	Webサーバーで利用できるファイル群を出力する一連の処理

1-2-2 データバインド

「データバインド」は、これまでJavaScriptで記述してきたHTML要素に対する値の取得や設定を、JavaScriptやjQueryよりも見やすく簡単に、フレームワーク独自の構文で記述できる機能です。たとえば、Angularでデータバインドを利用する場合は、2重の波括弧で括った変数や式を記述すると、その場所に値を出力してくれます（リスト1-1）。

リスト1-1 データバインドの例

```
// string01="Hello"のとき

// ①jQuery利用時（1番目のdiv要素にstring01を出力）
const el = $('div').eq(0)
el.text(string01);

// ②Angularデータバインド利用時（div要素に式を直接記述）
<div>{{string01}}<div>

//①と②どちらも出力は<div>Hello<div>
```

リスト1-1で①と②のコードを比べてください。データバインドを利用したほうが、読みやすいと思います。このように、対象のHTML要素の選択後、処理を行う面倒なjQueryのコード記述と比べ、データバインドを利用するとHTMLのひな型を書くような、簡単で見やすい記述が可能になります。

さらに、注目すべきは、jQueryで値の変化を表示に反映するには、値が変化する都度、同じ処理を実行する必要があります。リスト1-1の例では、変数string01の値が"Hello"から"Hi!"に変化すると、el.text(string01)を再実行して表示に反映する必要があります。データバインドの場合は、値の変化を検出して自動的に表示を更新してくれます。まさに名前の通り、データと表示の結合（バインド）を行います。

ReactとVue.jsでも、同じように簡単な記述でデータバインドが可能です。

1-2-3 仮想DOM

仮想DOMは、フレームワークに内蔵された機能で、DOM操作を容易かつ高速化します。仮想DOMの前に、「DOM」について説明します。Webブラウザは、HTMLをロードするたびに、HTMLの要素1つ1つをオブジェクトに変換しています。それらオブジェクトの集合体が、DOM（Document Object Model）です（図1-1）。変換されたDOMは、Webブラウザによって表示に反映されます。

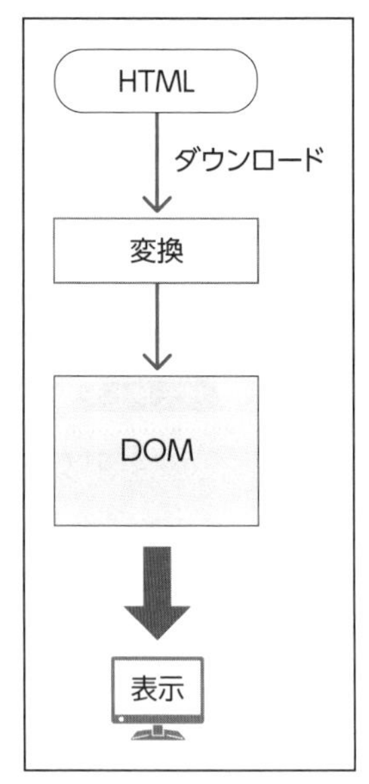

図1-1 DOMの仕組み

ロードしたHTMLの表示が完了した後、表示を動的に変更したいときは、JavaScriptを使ってDOMを操作します（図1-2）。

しかし、JavaScriptによるDOM操作は煩雑で処理が遅いため、「仮想DOM」が考案されました。仮想DOMは、フレームワーク独自の記述から生成されたJavaScriptコードとブラウザAPIの間に入り、DOM操作の複雑さを軽減し、処理を高速化します（図1-3）。

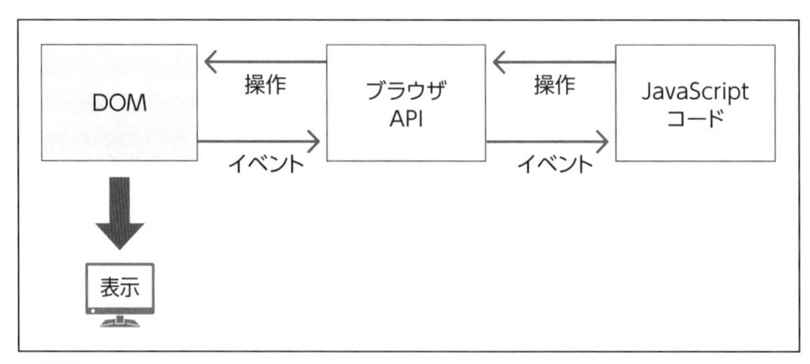

図1-2 JavaScriptでDOMを操作

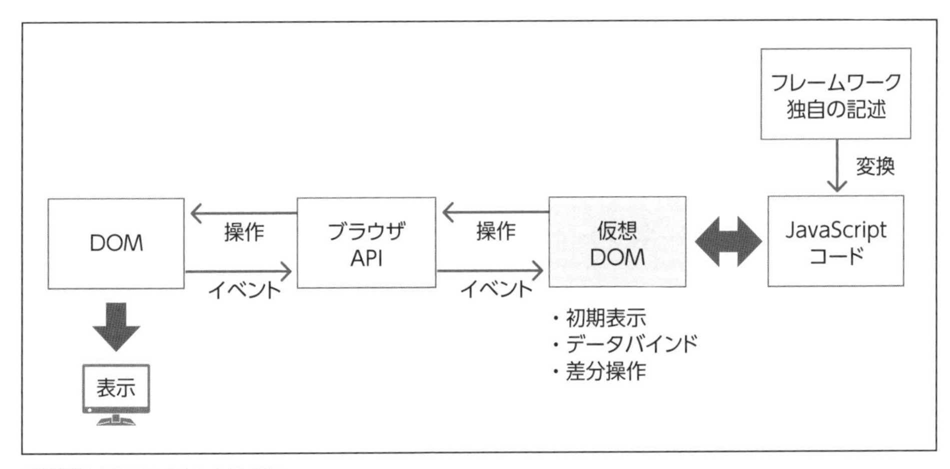

図1-3 仮想DOMの仕組み

仮想DOMは、以下のようなメリットを生みます。

- HTML構造やイベント処理をフレームワーク独自の記述で簡単にできる
- HTML要素に対する値の取得や設定が簡単にできる（データバインド）
- 仮想DOMで変更のあった差分のみをDOMに反映するので表示速度が向上する

なお、Angularでは仮想DOMではなく、インクリメンタルDOMという方式でDOMの操作を行っています。

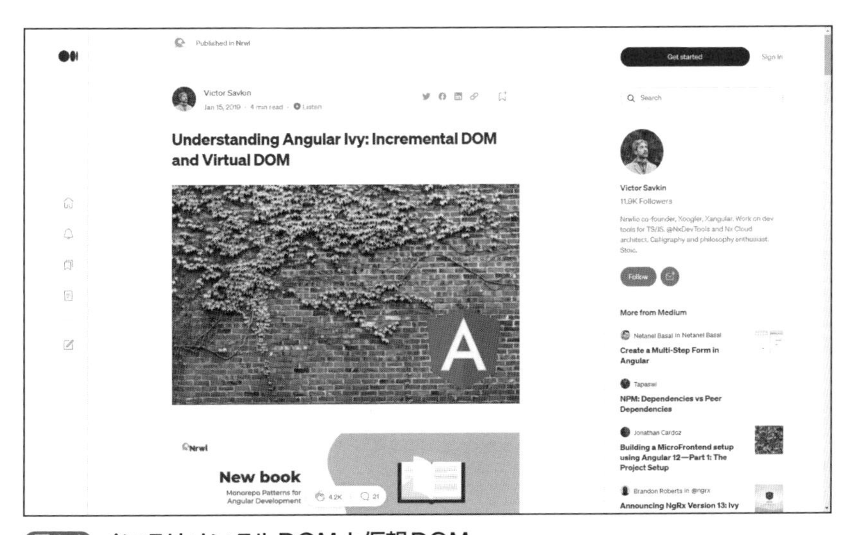

図1-4 インクリメンタルDOMと仮想DOM

- Understanding Angular Ivy: Incremental DOM and Virtual DOM
  https://blog.nrwl.io/understanding-angular-ivy-incremental-dom-and-virtual-dom-243be844bf36

1-2-4 コンポーネント

React、Angular、Vue.jsを使った画面の作成では、1つの画面を部品に分割して開発できます。この部品を「コンポーネント」と呼びます。これまでも、CSSを使って見かけ上の画面分割のレイアウトは可能でしたが、コンポーネントはJavaScriptコード、CSS、HTML（拡張構文）をセットにしたもので、部品として独立した動作が可能です（図1-5）。

なお、React単体ではコンポーネントの対象にCSSを含んでいませんので、含めるには外部ライブラリが必要です。

コンポーネントを呼び出すときは、以下のようにコンポーネント名のタグを使うのが基本です（リスト1-2）。

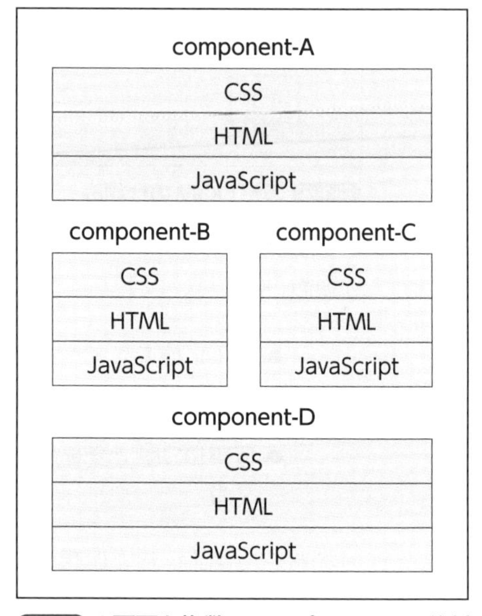

図1-5 1画面を複数のコンポーネントに分割

リスト1-2 コンポーネント呼び出しの記述例（青文字部分）

```
<div>
  <div>
    <component-A />
  </div>
  <div>
    <div>
      <component-B />
    </div>
    <div>
      <component-C />
```

```
      </div>
    </div>
    <div>
      <component-D />
    </div>
  </div>
```

また、コンポーネントは画面を分割できるだけでなく、コンポーネント内にコンポーネントを配置する入れ子構造（親子構造）が可能です（図1-6）。この機能を利用すれば、複雑な画面レイアウトを単純な機能のコンポーネントから組み上げることが可能になります。入れ子構造のコンポーネントでは、内包する側を「親コンポーネント」、内包される側を「子コンポーネント」と呼びます。

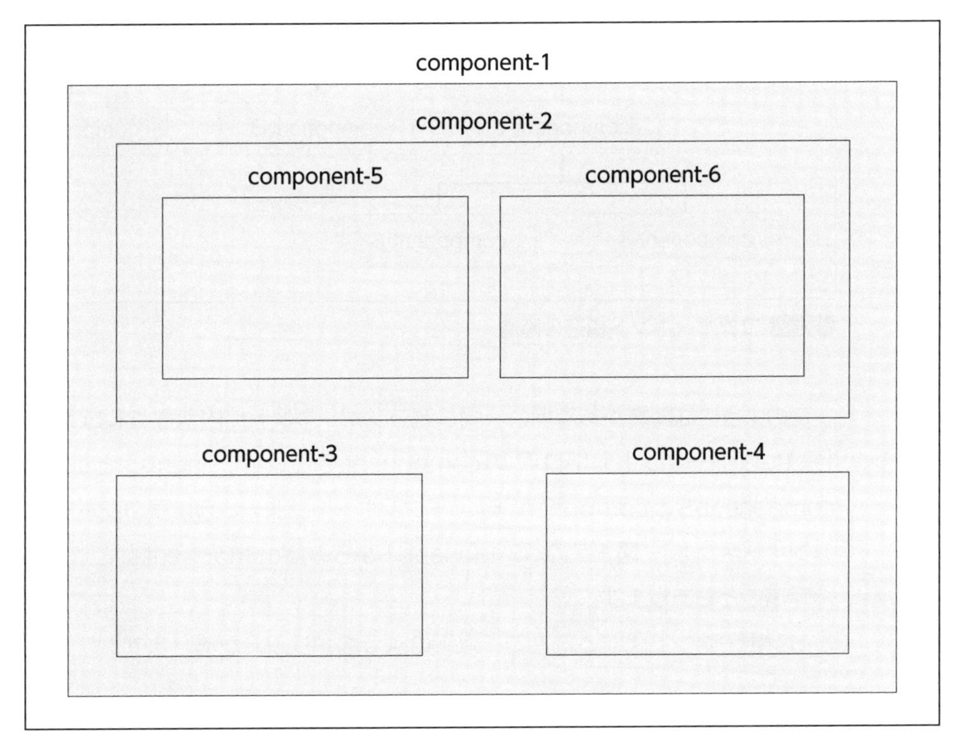

図1-6 **入れ子構造のコンポーネント**

たとえば、図1-6のコンポーネントをタグで記述すると以下になります（リスト1-3）。

リスト1-3 入れ子構造コンポーネントの記述例

```
<component-1>
  <component-2>
    <component-5 />
    <component-6 />
  </component-2>
  <component-3 />
  <component-4 />
</component-1>
```

また、このコンポーネントの構造を階層で表現すると図1-7になります。

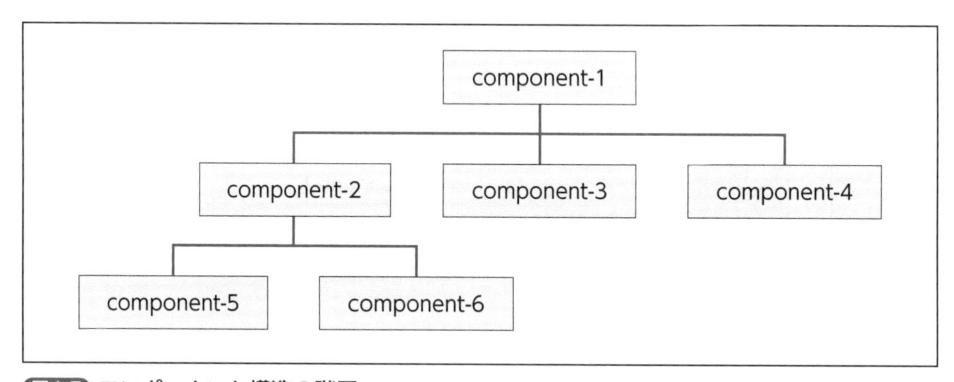

図1-7 コンポーネント構造の階層

このようにな階層がある場合、同じ親コンポーネントに内包されるコンポーネントを「兄弟コンポーネント」(図1-7のcomponent-2とcomponent-3とcomponent-4、component-5とcomponent-6)、子コンポーネントのさらに子コンポーネントを「孫コンポーネント」(図1-7のcomponent-1からみたcomponent-5とcomponent-6)と呼ぶこともあります。

コンポーネント化することで、以下のようなメリットがあります。

❶ 開発が容易

分割により実装する対象範囲が狭くなり、コート量の減少・複雑さの軽減ができます。

❷ 開発期間の短縮

1つの画面を分割すれば、複数人で分担可能で、かつ各人の作業は独立しているので、完成までの時間を短縮できます（図1-8）。

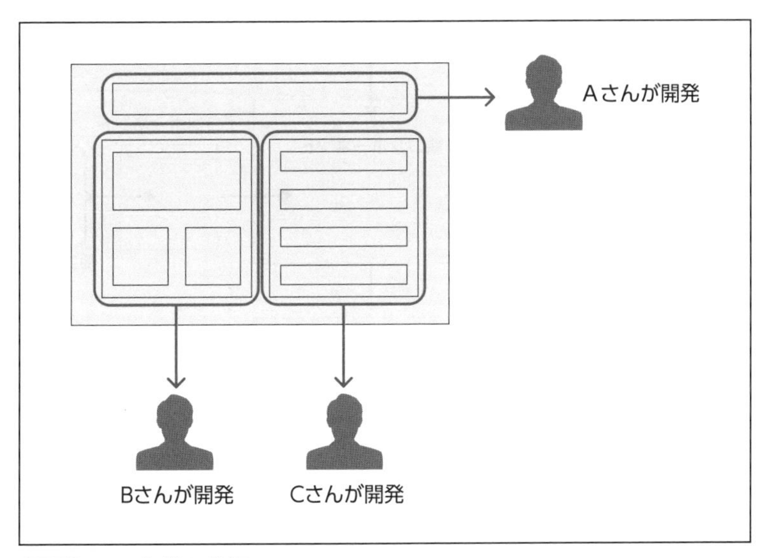

図1-8 開発作業を分担

❸ 複雑なレイアウト・機能の実現

1つのコンポーネントが、画面全体を実装するのと同等の機能を持つので、たとえばリスト表示の1行にページ全体と同等程度複雑なレイアウト・機能の実装が容易になります（図1-9）。

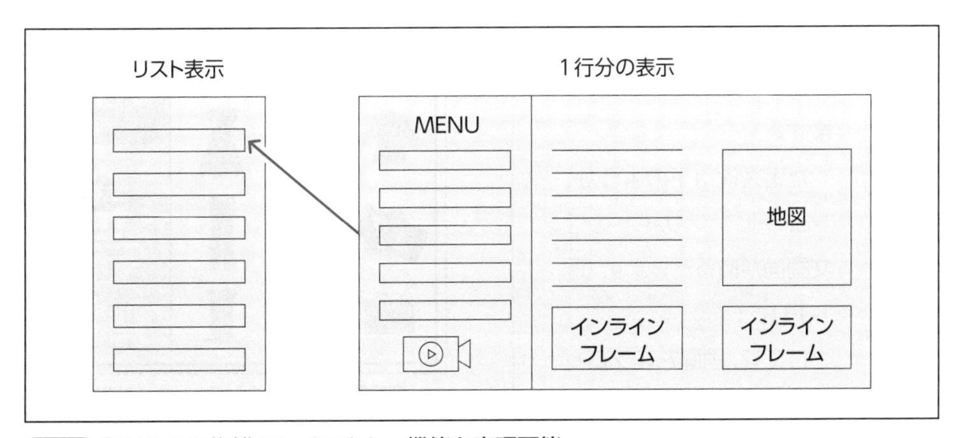

図1-9 部品1つに複雑なレイアウト・機能を実現可能

❹開発効率の向上

蓄積した部品を再利用することで、重複した作業を削減できます（図1-10）。

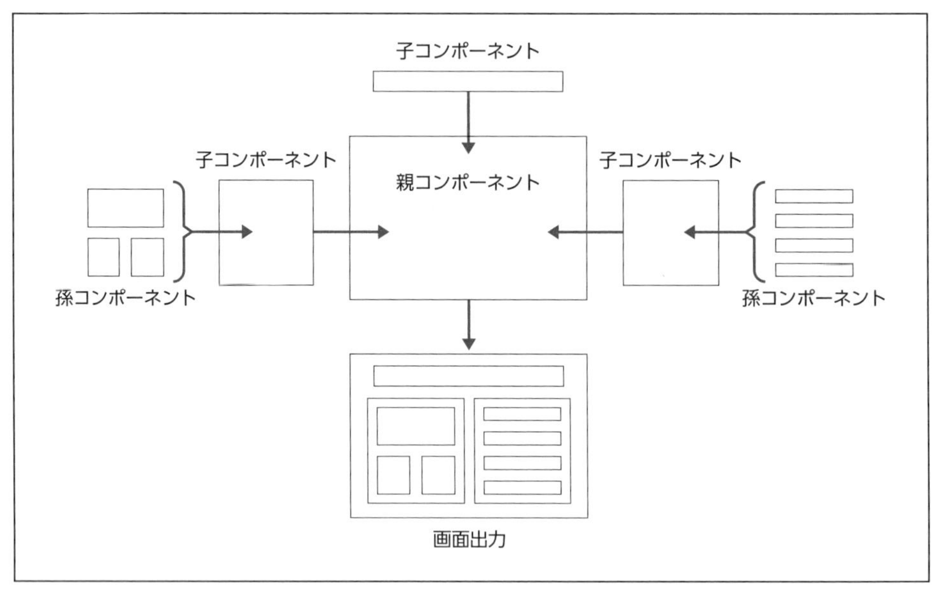

図1-10 部品から画面を作るアプローチ

1-2-5 状態管理ライブラリ

「状態管理ライブラリ」は、アプリ全体のコンポーネントを連携させ、コンポーネントごとの状態データの整合性を取ります。状態データは、コンポーネントの表示に必要なパラメータ（プロパティ）であり、値の変化に応じて表示が変わります。この説明では抽象的過ぎるので、具体的な例を挙げて解説します。

たとえば以下のような、ショッピングサイトの注文画面があるとします（図1-11）。

ここで、画面左側ブロックの「商品選択コンポーネント」と画面右側ブロッ

図1-11 コンポーネントの表示に不具合が発生した例

クの「カートコンポーネント」で分割した場合、各コンポーネントは独立して通信や入力が可能です。したがって、商品選択コンポーネントは、クリック操作を受け付け、選択された商品に「注文」のラベルを表示できます。そうすると、商品選択コンポーネントでは注文済みのラベルを表示しますが、カートコンポーネントはそれを知りません。注文する商品を選択しているのに、カートの表示は「注文なし」のまま、というという不具合が発生します。

これを解決するには、コンポーネント間で連携する必要があります。このケースでは、商品選択のコンポーネントとカートのコンポーネントが1：1で連携すれば済みますが、画面を構成するコンポーネントが増えてくると、複数：複数の連携が必要になり処理が複雑になってしまいます（図1-12）。

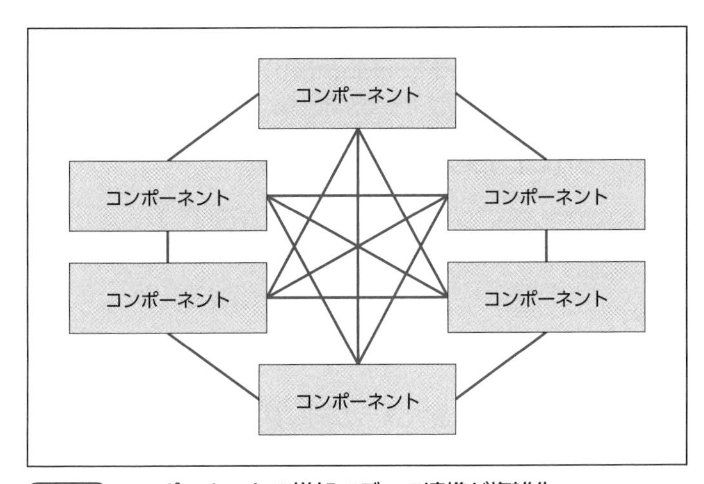

図1-12 コンポーネントの増加でデータ連携が複雑化

親子関係にあるコンポーネントの状態データを、親コンポーネントがまとめて管理すれば連携の複雑さは軽減されますが、親子関係の階層が深くなると、やはり連携が複雑化します。そこで利用するのが、「状態管理ライブラリ」です。アプリ全体のコンポーネントの状態データを1箇所で管理することでコンポーネント間のスムーズな連携を実現します（図1-13）。システムが複雑になったら、状態管理ライブラリが必要になると紹介されることが多いのは、こういう理由からです。

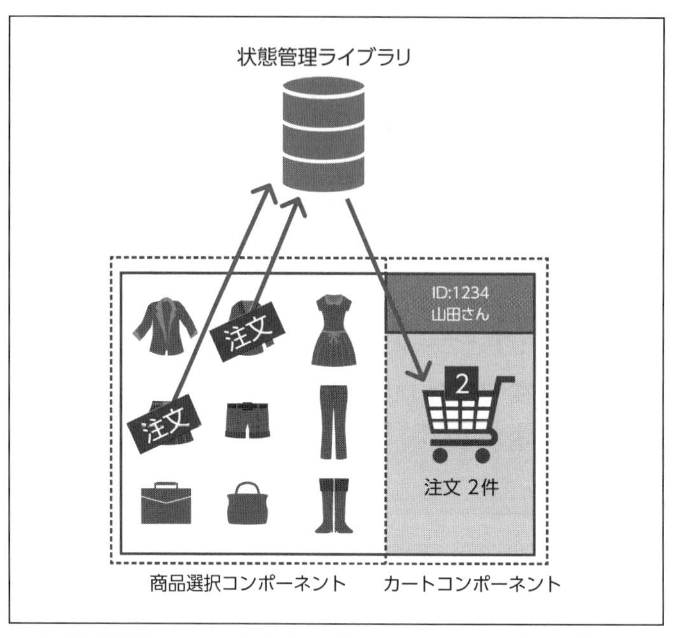

図1-13 状態管理ライブラリによるコンポーネント間の連携

このショッピングサイトで、状態管理ライブラリを利用すると、以下のように正常な動作になります。

1. 商品が選択される
2. 商品選択コンポーネントは、選択商品のデータを状態管理ライブラリへ通知
3. 状態管理ライブラリは、カートコンポーネントへ選択商品のデータを通知
4. カートコンポーネントは、選択商品のデータを受領し、表示を更新

なお、通知を受ける側のコンポーネントは、状態管理ライブラリに対し必要なデータのみ通知してもらう登録を行い、無駄な通知を回避します。また、状態管理ライブラリは、同一ページ内のコンポーネント間の連携以外にも、ページ間のデータ共有、サーバーからのデータ変更通知なども扱います。

1-2-6 ルーター

ルーターが必要になる背景から説明します。SPAではページ切り替えのとき、JavaScriptのコードがページごと仮想DOMを書き替えて再描画します。従来型Webのように、ページ切り替えのたびに異なるURLにアクセスする訳ではありません。そ

のため、SPAではWebブラウザのURL表示が変化しません（図1-14）。

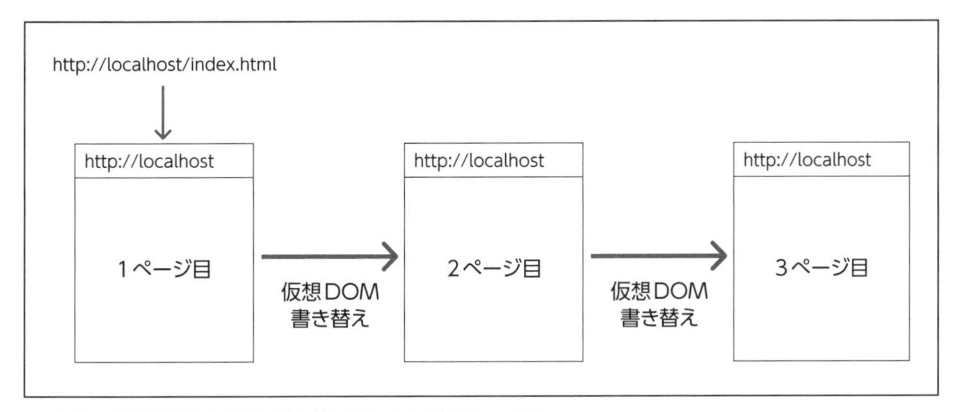

図1-14 仮想DOMの書き換えではURLが変化しない

どのページも同じURLだと、以下のような不便に悩まされます。

1. ブックマークが利用できない。
2. SNSでリンクのシェアができない。
3. ページ間をURLリンクで移動できない。
4. どのページを表示していても、リロードを行うと1ページ目に戻る。

これを解決するのが「ルーター」です。ルーターは、単一のURLの後ろに、仮想のパスを追加で定義し、それに基づくページの切り替えを可能にします（図1-15）。

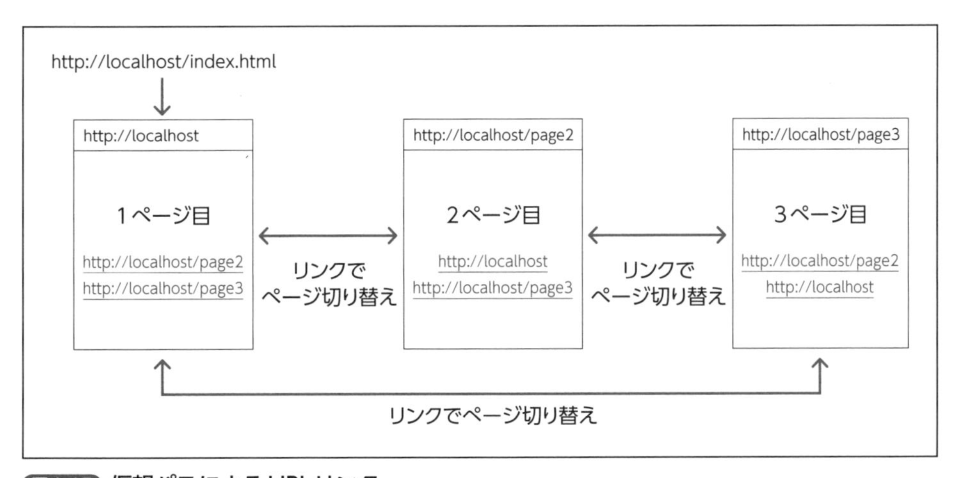

図1-15 仮想パスによるURLリンク

1-2-7 ビルド

「ビルド」は、フレームワークを使った開発において、ソースコードと関連ファイルを加工して、Webサーバーで利用できるファイル群を出力する一連の処理です。フレームワークでは1つの画面をコンポーネントに分割したり、独自の構文を利用したりするため、従来型Webでは必要なかったファイルの結合や変換が必要になります。ビルドでは以下のような処理を行います。

1. 対象ファイルの読み込み
   JavaScript・TypeScriptソースコード
   フレームワーク独自の仮想DOM向け記述コード
   依存ファイルの読み込み
2. 加工
   フレームワーク独自の仮想DOM向け記述コードをJavaScriptコードへ変換
   TypeScriptのコードをJavaScriptコードへコンパイル（TypeScript利用の場合）
   JavaScriptのコードを指定したECMAScriptのバージョンへ変換*1
3. 最適化（Productionビルドのみ）
   不要コードの削除
   コードのサイズ縮小と難読化
4. 出力
   実行用ファイル生成
   公開用の静的ファイル（favicon.icoなど）のコピー
   テンプレートからindex.htmlを生成
   デバッグ用のmapファイル生成

ビルドには、最適化を行う「Productionビルド」と、最適化を行わない「Developmentビルド」の2種類があります。運用時はファイルサイズの小さい「Productionビルド」、開発時は短時間でビルドが完了する「Developmentビルド」を利用するのが一般的です。

なお、mapファイルは、変換前のコードと変換後のコードの関連付け情報を記録しています。このファイルを使うと、ビルドで加工済のファイルであっても、オリジナルのコードを参照しながらブレークポイントを指定したデバッグができます。

---

*1 最新のJavaScriptはECMAScript(エクマスクリプト)という言語仕様に準拠しており、Webブラウザごとにサポートするバージョンが継続的に更新されています。

1-3 実装パターン

1-3-1 概要

どのようなアプリを開発したいかによって、実装方法が変わります。その結果、フレームワークに求められる機能も変わってきます。

本書では以下の3つの実装パターンに分けて、解説を行っていますので把握しておいてください。なお、これらのパターン名は一般的な用語ではありません。

- ページ埋め込み
- シンプルなSPA
- 複雑なSPA

1-3-2 ページ埋め込み

1) 実装内容

既存のWebページにフレームワークのコードを埋め込みます（図1-16）。

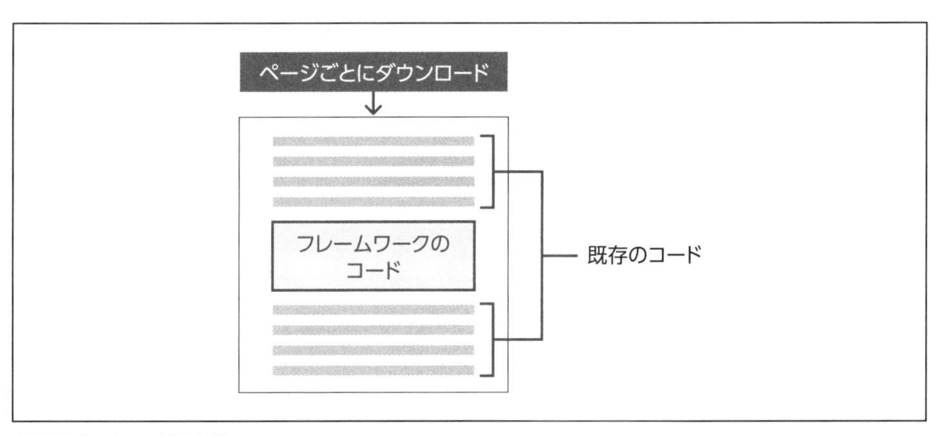

図1-16 ページ埋め込み

これまで、jQueryやJavaScriptなどで行ってきた入力フォームのデータチェックや入力支援、動的な表示変更などをフレームワークのコードで置き換えます。フレームワーク独自の記述法でコード作成を行うことで、保守が容易になり、仮想DOMによる高速化が期待できます。

2) 用途

一部の機能のみフレームワークに置き換える場合や、全面的なSPA移行を避け、段階的な移行を行う場合に適しています。

3) 制約

従来型Webの環境でフレームワークを利用しますので、ページごとにサーバーからダウンロードが行われます。その結果、ページ切り替えのたびに、サーバーとの通信待ちとページ全体の再描画待ちが発生します。

4) 選択ガイド

高速なページ切り替えが必要な場合は、「シンプルなSPA」または「複雑なSPA」を選択します。

1-3-3 シンプルなSPA

1) 実装内容

メインページを起点として、サブページの開閉を繰り返すSPAです。ルーターを使用しません。

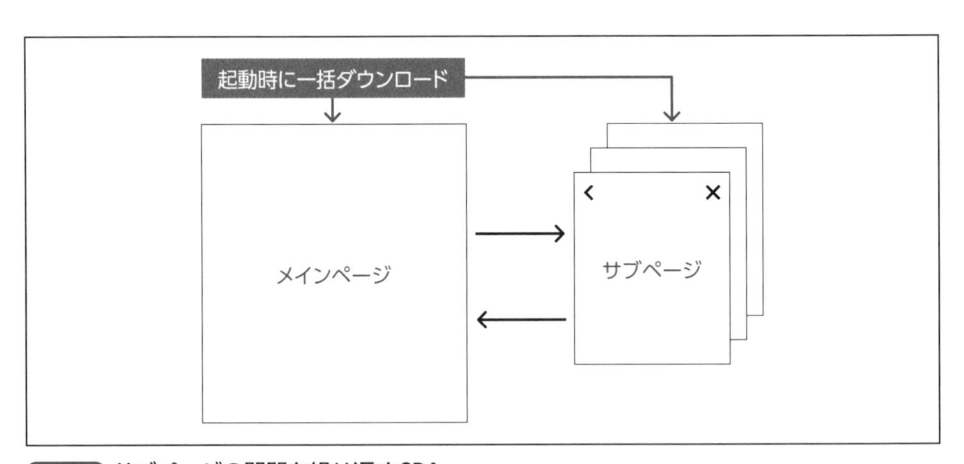

図1-17 サブページの開閉を繰り返すSPA

画面遷移の仕組みは、トップページの上にサブページを積み重ね、最上段のページを表示します。図1-18は、トップページ→サブページA→サブページB→サブページA→トップページと画面遷移した例です。

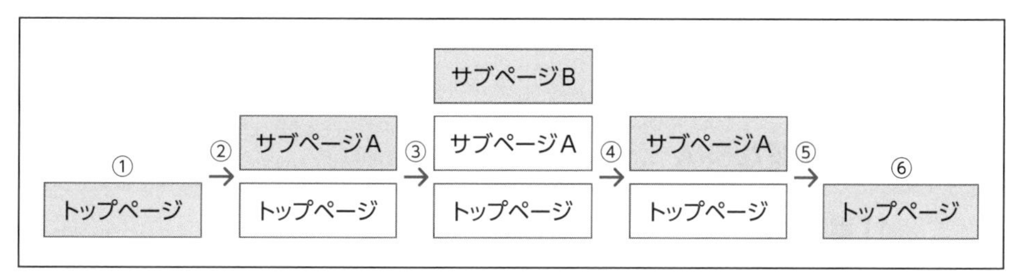

図1-18 シンプルなSPAの画面遷移の仕組み（表示されるページを着色）

① トップページを表示

② サブページAを開く

③ サブページBを開く

④ サブページBを閉じる

⑤ サブページAを閉じる

⑥ トップページを表示

画面遷移の仕組みが単純なため、ルーターを使用しません。通常、アプリ起動時に全てのページ表示に必要なモジュールをダウンロードし、メインページでアプリ全体の状態データを管理します。

2) 用途

単純な画面遷移のSPAを構築するのに適しています。

3) 制約

- ルーターを使用しないため、以下の制約があります。詳細は「1-2-6 ルーター」を参照してください。

  ・ブックマークが利用できません。
  ・SNSでリンクのシェアができません。
  ・ページ間をURLリンクで移動できません。
  ・どのページを表示していても、リロードを行うと1ページ目に戻ります。

- トップページにサブページを積み重ねる方式のため、複雑な画面フローは利用できません。

- ページ数が多い場合、起動時に時間がかかります。

4) 選択ガイド

「シンプルなSPA」の制約が許容できない場合は、「複雑なSPA」を選択します。

1-3-4 複雑なSPA

1) 実装内容

ルーターでページ切り替えを制御するSPA です。ルーターを使用するので、ページごとに異なる仮想URL を持ちます（図1-19）。

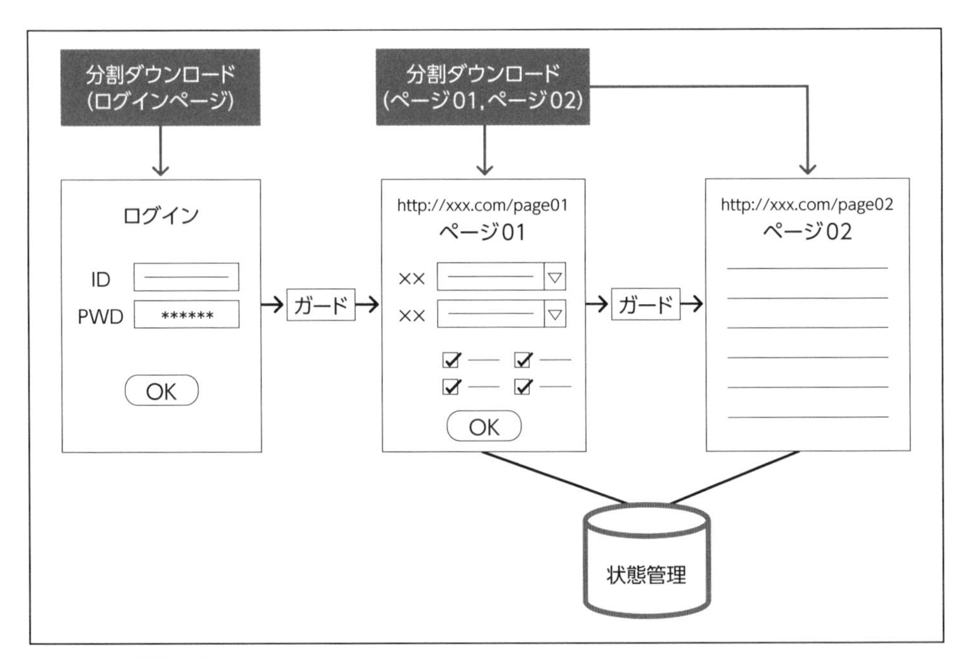

図1-19 複雑なSPA

通常、以下の機能を実装します。

- ページ切り替え時に、次のページに状態データを渡すため、状態管理ライブラリを利用します。
- ページ数が多い場合、起動時に全てのモジュールをダウンロードすると時間がかかりますので、ルーターと連携して分割ダウンロード（遅延ロード）を行います。

- URLの直接入力やブラウザの戻るボタンなどによる、想定外の画面遷移を防止するため、ルーターと連携してページ遷移ガードを行います。

2) 用途

複雑な画面遷移のSPAを構築するのに適しています。

3) 制約

特にありません。

4) 選択ガイド

標準的なSPAの実装パターンです。「シンプルなSPA」の制約が問題にならないときは「シンプルなSPA」も選択可能です。

MEMO Vue.jsのプログレッシブ対応

Vue.jsの公式サイトでは、自身をプログレッシブ（段階的な機能拡張が可能）なフレームワークであると謳っています。

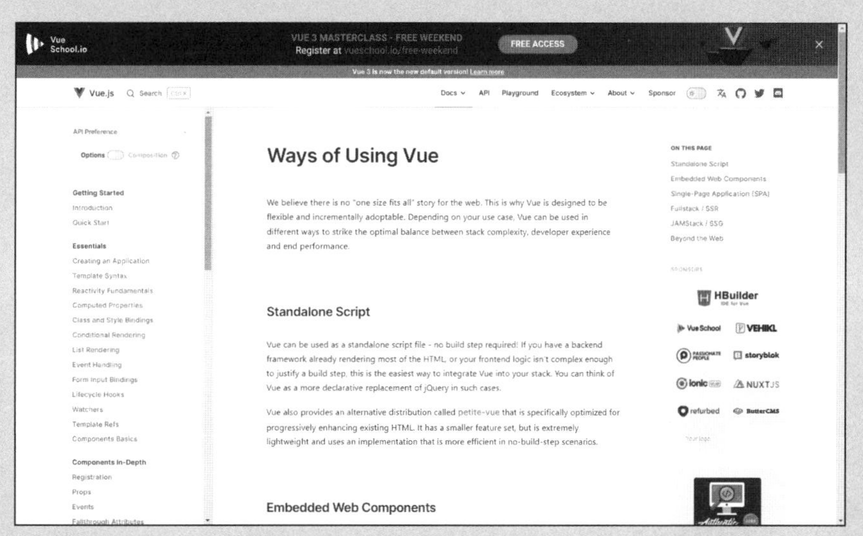

図1-19 Ways of Using Vue(Vueの利用方法)
https://vuejs.org/guide/extras/ways-of-using-vue.html

そして、本書のパターンより幅広い6種類の利用方法を定義しています。

1. Standalone Script
2. Embedded Web Components
3. Single-Page Application (SPA)
4. Fullstack / SSR
5. AMStack / SSG
6. Beyond the Web

本書では、1～2が「ページ埋め込み」、3が本書では「シンプルなSPA」と「複雑なSPA」に該当します。4以降は扱いません。

第2章 フレームワークの特徴と機能の比較

２章では、フレームワークごとの特徴と機能を解説します。React・Angular・Vueは、それぞれ個性を持っており、カバーする機能について方針が異なります。したがって、単純に機能の数を比較しても意味がありません。また、性能についてはバージョンアップごとに向上しており、優劣をつけるのが難しくなっています。最適なフレームワーク選択には、ぶれることが少ないフレームワークごとの、生い立ちとそれに基づく設計方針などから、その特徴を理解することが重要です。

2-1 Reactの特徴

・**React公式サイト**　https://ja.reactjs.org/

図2-1 React公式サイト

2-1-1 生い立ち (React)

Reactは、Facebook サイトの開発において、複雑化するフロントエンド開発の生産性を向上させるツールとして、Meta社（旧Facebook社）の社内エンジニアによって開発されました。2011年にFacebookのニュースフィード、2012年にはInstagramに採用され、大規模システムで実績を上げてきたと言われています。その後、オープンソースとして2013年に一般公開されました。

2-1-2 設計方針 (React)

1) シンプル＆自由

仮想DOMとコンポーネントの機能を提供しています。これら最小限の機能を提供するため、公式サイトで自分自身をフレームワークではなく、ライブラリと呼んでいます。機能が不足した場合は、開発者が独自に実装したり、外部ライブラリを使用したり、自由に選択します。

2) JSX技術の採用

通常、コンポーネントの実装を「JSX」で行います。JSXは、これまでWebのUIをHTML・CSS・JavaScriptファイルを組み合わせて記述してきた実装方法とは、大きく異なります。

2-1-3 JSXとは

JSXは、JavaScriptでHTML類似の記述ができるMeta社が発案したJavaScriptの拡張仕様です。リスト2-1は、その記述例です。

リスト2-1 JSXによる記述例

```
■コード
[HTML]
//出力先のHTML要素の定義
<div id="root"></div>

[JavaScript]
```

```
// ❶描画する内容の定義
const element = <h1>こんにちは</h1>;

// ❷出力先を指定（id='root'のHTML要素）
const root = ReactDOM.createRoot(
  document.getElementById('root')
);

// ❸出力
root.render(element);

■出力結果
<div id="root"><h1>こんにちは</h1></div>
```

❶ <h1>こんにちは</h1>が、JavaScriptオブジェクトに変換されて変数elementへ代入されます。
❷出力先のHTML要素を指定して、rootオブジェクトを取得します。
❸描画関数（ここではroot.render）の引数として変数elementを渡し、HTMLを出力します。

ここで注目すべきは、HTML類似の記述が文字列ではなく、「React要素」と呼ばれるオブジェクトとして変数elementに代入されていることです。文字列であれば、JavaScriptのコードでは、「"」または「'」で囲まれます。つまりJSXは、JavaScriptのコードでHTML類似の記述を可能にするJavaScriptの拡張構文です。一方、AngularとVue.jsではHTMLの拡張構文（テンプレート構文）が採用されています[*1]。

JSXを発案したMeta社のGitHubサイトに、JSXについての解説資料があります（図2-2）。JSXの必要性についての説明も含んでいます。

＊1　Vue.jsはテンプレート構文が推奨ですが、オプションでJSXもサポートしています。

■JSXの解説資料

https://facebook.github.io/jsx/

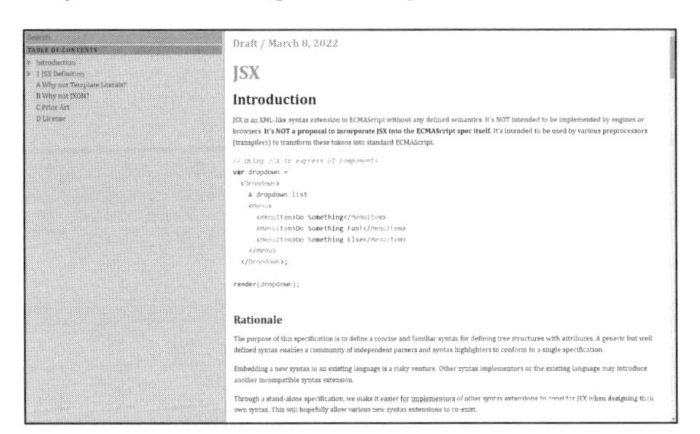

図2-2 JSXの解説資料

2-1-4 記述スタイル（React）

1）コンポーネントの実装方法

Reactにおいて、コンポーネントの実装方法は２種類あります。

- クラスによるコンポーネント定義
- 関数によるコンポーネント定義

バージョン16.8より前は、関数によるコンポーネント定義では、状態データの利用ができませんでした。しかし、それ以降のバージョンでは、「フック（hook）」と呼ばれる仕組みが追加され、関数によるコンポーネントでも、状態データが利用可能になりました。関数を使ったコンポーネント定義の方が、クラスを使うよりも使い勝手が良いので推奨されています（図2-3）。

■フックの導入

https://ja.reactjs.org/docs/hooks-intro.html#motivation

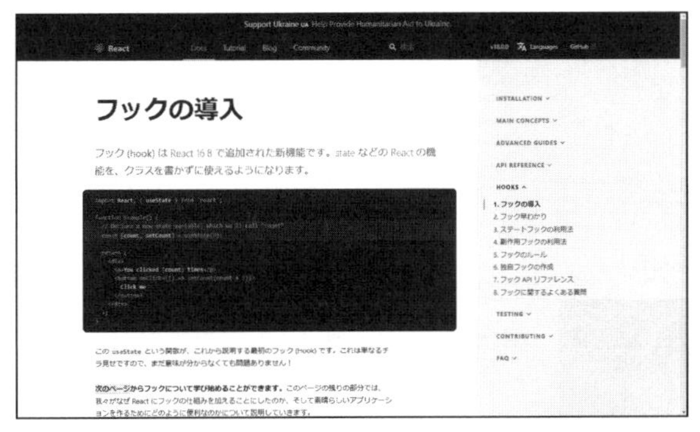
図2-3 フックの導入

なお、クラスによるコンポーネント定義は今後もサポート予定なので、既に作成したコンポーネントクラスの関数への移行は必須ではありません。また、関数では定義できず、クラスによる定義が必要なケースもわずかに存在しています。

2) コード実装ガイドライン

コードスタイルの公式ガイドラインはありません。試行錯誤を繰り返しながら、開発者自身で実装スタイルを見つけ出すことが想定されています。

たとえば、公式サイトのFAQを見ると、「お勧めの React プロジェクトの構成は？」という質問に対し以下のような記述があります（図2-4）。

- React はファイルをどのようにフォルダ分けするかについての意見を持っていません。
- ファイル構成を決めるのに 5 分以上かけないようにしましょう。
- 実際のコードをいくらか書けば、なんにせよ考え直したくなる可能性が高いでしょう。
- 「正しい」方法を最初から選択することはさほど重要ではありません。

■公式サイトのFAQ

https://ja.reactjs.org/docs/faq-structure.html

図2-4 React公式サイトのFAQ

3) サードパーティーによるスタイルガイド

チーム開発において、ガイドラインなしの実装は現実的ではありません。しかし、はじめて経験するフレームワークで、試行錯誤しながらガイドラインを策定するのは苦痛を伴います。そのような状況を改善するため、サードパーティーからReact向けコードスタイルガイドが公開されています。これを元にカスタマイズを行えば、自分の開発チームに最適なガイドラインを作る負担が軽減されます。

■サードパーティーによるスタイルガイド（図2-5）

https://airbnb.io/javascript/react/

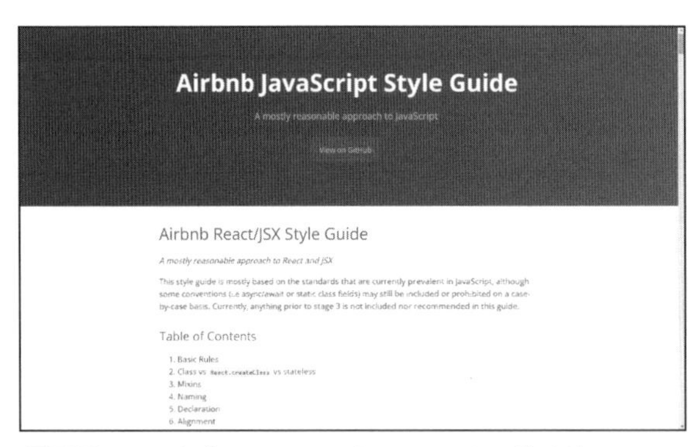

図2-5 サードパーティーによるスタイルガイド

2-1-5 実装パターンごとの対応（React）

1) 埋め込み利用

Reactで作成したコードは、既存のWebページに埋め込むことができます。公式サイトに手順が記述されています（図2-6）。

■既存のウェブサイトに React を追加する

https://ja.reactjs.org/docs/add-react-to-a-website.html

図2-6 既存のウェブサイトに React を追加する手順

2) シンプルなSPA

Reactのコンポーネントを使って「シンプルなSPA」を開発できます。通常、コンポーネントごとに別ファイルに分割するので、これらを結合するビルド処理が必要になります。ビルドを行うツールは付属していませんが、Reactの公式サイトでは「Create React App」が推奨されています。

■Create React App公式サイト（図2-7）

https://create-react-app.dev/

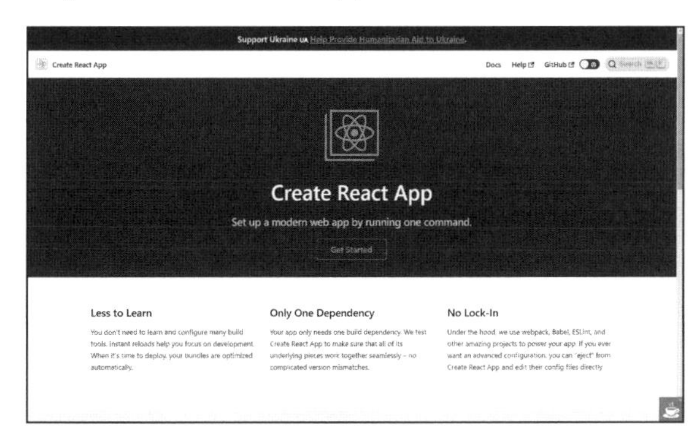

図2-7 Create React App公式サイト

3) 複雑なSPA

Reactで「複雑なSPA」を開発しようとすると、ルーター機能を初めとして、ページ遷移ガード、モジュール分割と遅延ロードなど、さまざまな機能が不足します。独自に実装するか、外部ライブラリを追加して対応します。

2-1-6 導入後のメンテナンス (React)

1) バージョンアップ

最近のReactメジャーバージョンアップの履歴は表2-1になります。

表2-1 最近のReactメジャーバージョンアップの履歴

バージョン	日付	破壊的バージョンアップ
18.0.0	2022-03-29	該当
17.0.0	2020-10-20	非該当
16.0.0	2017-09-26	該当

直近の破壊的バージョンアップが18.0.0（2022年3月）、その前の17.0.0.は後方互換を保っていますので、16.0.0（2017年9月）との期間、4年半もの間、互換性が維持されています。Reactでは後方互換性の維持が重視されていることが分かります。

2) バージョンアップガイド

最新版であるバージョン18への移行ガイドは、公式サイトのブログ記事として準備されています。

■バージョン18への移行ガイド (図2-8)

https://reactjs.org/blog/2022/03/08/react-18-upgrade-guide.html

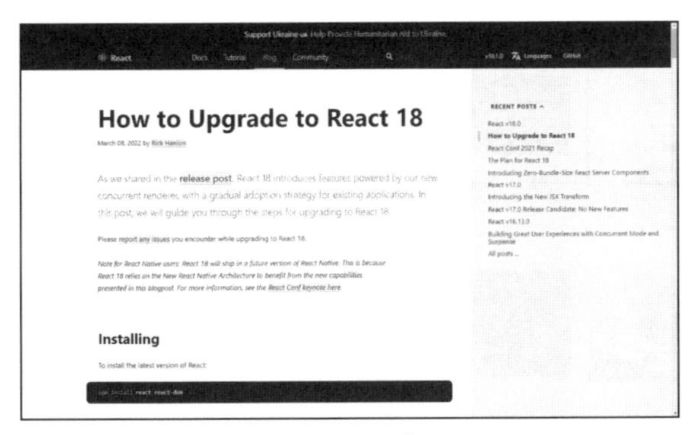

図2-8 バージョン18への移行ガイド

2-2 Angularの特徴

・Angular公式サイト　https://angular.io/

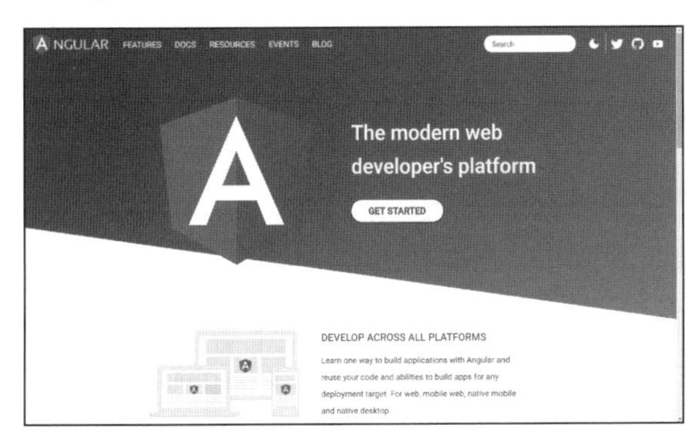

図2-9 Angular公式サイト

2-2-1 生い立ち（Angular）

Google が主導するSPA向けフレームワーク「AngularJS」を再設計して、2016年にリリースされました。AngularJSが2009年リリースですので、それを加えると10年間以上の実績があります。Googleが提供するサービスのプラットフォームとしても採用され、大規模システムで実績があります（図2-10）。

■Angular事例紹介サイト（Googleでの利用、図2-10）

https://www.madewithangular.com/categories/google/

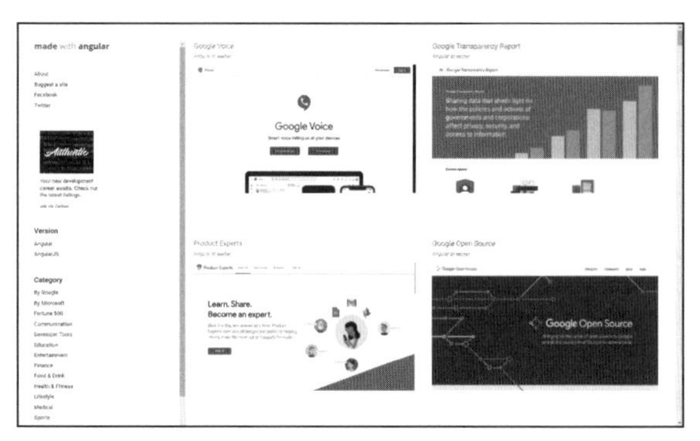

図2-10 GoogleでのAngular利用例

2-2-2 設計方針 (Angular)

1) SPA開発に必要なすべてを提供

コンポーネントはもちろん、ルーター、通信、多国語対応、Material UI、オフライン対応など、さまざまな機能をカバーするAPIの提供を行っています。さらに、ビルドやテストなどの開発ツールも準備されています。

2) テンプレートとTypeScriptの採用

コンポーネントの実装を、コンポーネントクラス定義（TypeScriptファイル)、独自に機能拡張したHTMLテンプレート（HTMLファイル)、CSS(従来と同じCSSファイル)の3種類のファイルで行います（図2-11)。

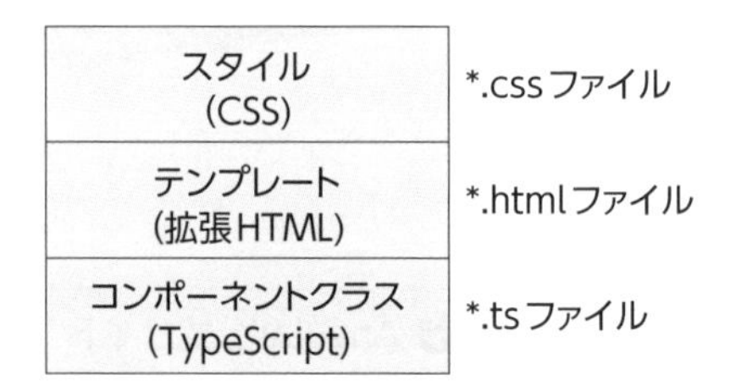

図2-11 Angularを構成する3種類のファイル

Angularのコンポーネント定義は、これまでのWeb開発のHTML・CSS・スクリプトファイルを組み合わせる方法に似ているので違和感が少ないと思います。また、HTMLとCSSファイルの作成は、TypeScriptの知識がなくても作成できるので前提スキルの条件が緩和されます。なお、コンポーネントクラスの定義は、JavaScriptでなくTypeScriptを使用します。

▶ RxJSによる非同期処理

Promiseに代わり、RxJSを使った非同期処理を採用しています。通信APIの処理などで利用します。

2-2-3 コンポーネント作成例（Angular）

リスト2-2 Angularでのコンポーネント作成例

```
■コンポーネントクラス（app01.component.ts）
@Component({
  selector: 'app01',  //出力先の指定
  templateUrl: 'app01.component.html', //HTMLテンプレート
  styleUrls: ['app01.component.css']  //CSSファイル
})
export class App01Component {
  data01="こんにちは";  //プロパティ値の代入
}

■HTMLテンプレート（app01.component.html）
<h1>{{data01}}</h1> //data01の値を出力

■CSS（app01.component.css）
h1{color:red};
```

リスト2-2のコードでは、「app01.component.ts」、「app01.component.html」、「app01.component.css」の3種類のファイルを使用してコンポーネントを作成しています。

コンポーネントクラスの定義において、Angular独自のデコレーター（クラス定義に追加情報を付与する機能）@Componentを使って、コンポーネントの出力先の指定、テンプレートとCSSファイルのインポートを行っています。出力先の指定は、CSSのセレクタ構文と同じです。ここでは'app01'が指定されていますので、名前がapp01のタグ(<app01></app01>)に出力します。

作成したコンポーネントの出力例はリスト2-3になります。

リスト2-3 作成したコンポーネントの出力例

```
■出力先HTML(index.html)
<div>
  <app01></app01>
</div>
```

```
//出力結果(文字色は赤で画面表示)
<div>
  <h1>こんにちは</h1>
</div>
```

クラス定義・テンプレート・CSSは、別ファイルで作成するのが基本ですが、コンポーネントクラス定義の中にインラインで記述も可能です（リスト2-4)。

リスト2-4 **インラインでの記述例**

```
@Component({
  selector: 'app01',  //出力先の指定
  template: '<h1>{{data01}}</h1>', //HTMLテンプレート
  style: 'h1:{color:red}'  //CSS
})
export class App01Component {
  data01="こんにちは";  //プロパティ値の代入
}
```

2-2-4 記述スタイル(Angular)

1) コンポーネントとサービス

Angularでは、コンポーネントはUI処理（キー入力、クリック、表示など）のみを行い、データ処理のロジックは「サービス」という仕組みで実装するのが一般的です（図2-12)。

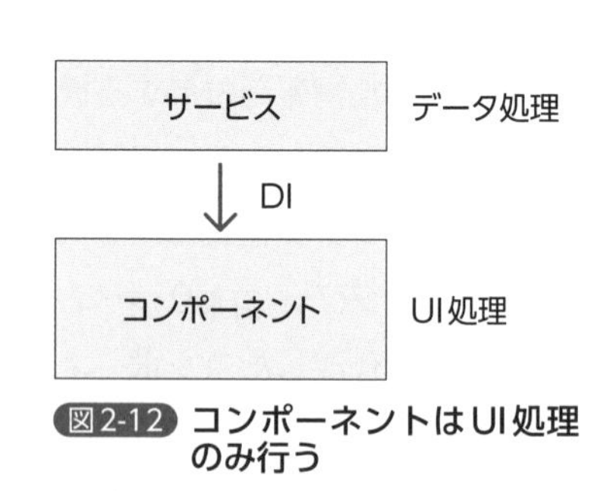

図2-12 **コンポーネントはUI処理のみ行う**

こうすることで、コンポーネントクラスの肥大化を防ぎます。コンポーネントからサービスの呼び出しにはDI（Dependency Injection：依存性の注入）で行います。DIは、コンポーネントが利用するサービスのインスタンスを、自動で準備します。

■サービスとDI (図2-13)

https://angular.jp/guide/architecture-services

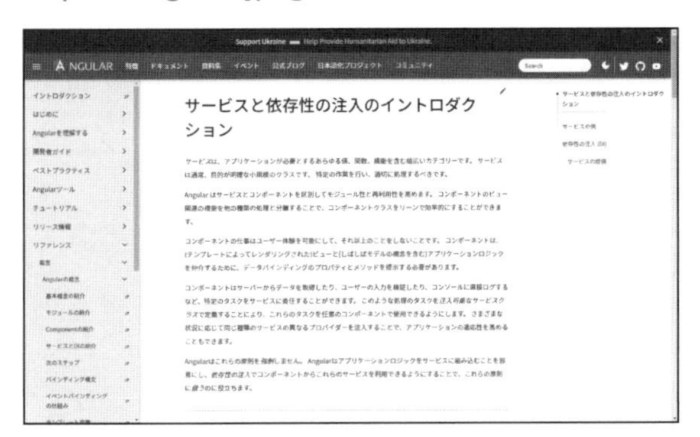

図2-13 サービスとDI(依存性の注入)

また、1つのコンポーネントに複数のサービスをDIできます。さらに、サービス自身にも他のサービスをDIできるので、コンポーネントのデータ処理を複数のサービスで分割して、開発生産性と保守性の向上を目指せます。

さらに、サービスはデフォルト設定でシングルトン (単一インスタンス) なので、複数のコンポーネントで共通に利用するデータを提供できます (図2-15)。

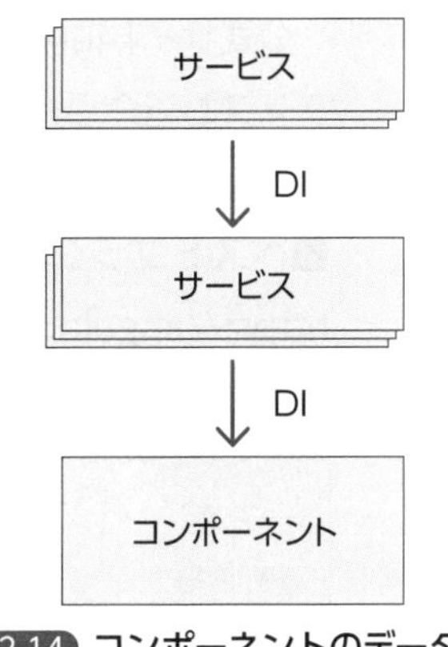

図2-14 コンポーネントのデータ処理を複数のサービスで分割

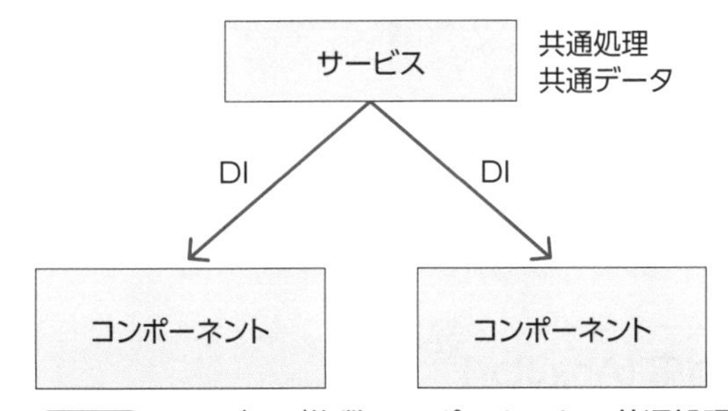

図2-15 サービスが複数コンポーネントの共通処理・共通データを提供

2) コード実装ガイドライン

公式サイトにAngularコーディングスタイルガイドが準備されています。

■Angular コーディングスタイルガイド (図2-16)

https://angular.jp/guide/styleguide

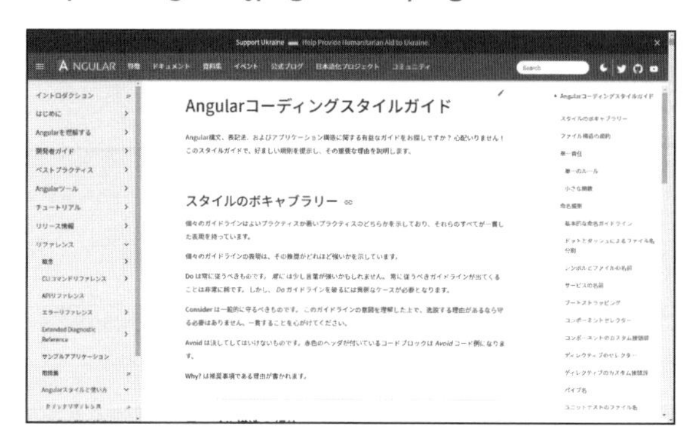

図2-16 Angular コーディングスタイルガイド

公式サイトには、さらにセキュリティやアクセシビリティなどに関するベストプラクティスも紹介されています。

■ベストプラクティス (図2-17)

https://angular.jp/guide/security

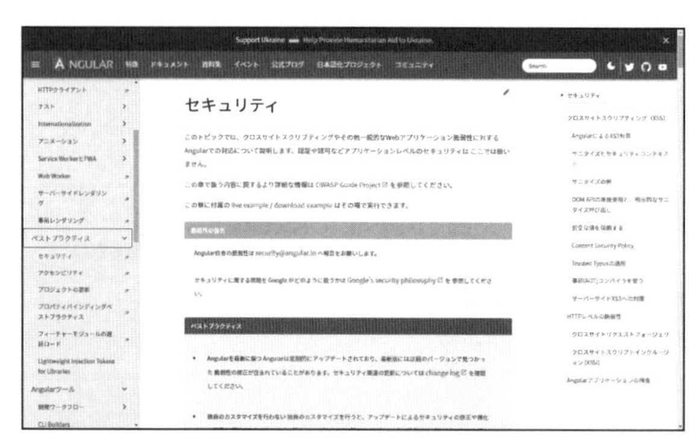

図2-17 ベストプラクティス

2-2-5 実装パターンごとの対応 (Angular)

1) 埋め込み利用

SPAの開発を前提としているため、既存のWebページに埋め込むことを想定していません。

2) シンプルなSPA

コンポーネントとサービスを組み合わせ、「シンプルなSPA」を開発できます。付属のコマンドラインツール「Angular CLI」を使ってビルド処理を行います。この「Angular CLI」は、プロジェクト全体のひな型に加えて、コンポーネントやサービス単位のひな型も生成できます。

■Angular CLI(図2-18)

https://angular.jp/cli

図2-18 Angular CLIの概要

3) 複雑なSPA

「複雑なSPA」に必要なルーター機能をはじめとして、ページ遷移ガード、モジュール分割と遅延ロードなど、さまざまな機能が準備されています。付属の「Angular CLI」を使ってビルド処理を行います。

2-2-6 導入後のメンテナンス(Angular)

1) バージョンアップ

以下のルールで計画的バージョンアップが行われます。

- 6か月ごとのメジャーバージョンアップ
- メジャーバージョンごとに1～3回のマイナーリリース
- メジャーバージョンごとに18か月間のサポート

最近のAngularメジャーバージョンアップの履歴は表2-2になります。

表2-2 最近のAngularメジャーバージョンアップの履歴

バージョン	状態	リリース	アクティブの終了	LTSの終了
14.x.x	Active	2022年6月	2022年12月	2023年12月
13.x.x	LTS	2021年11月	2022年5月	2023年5月
12.x.x	LTS	2021年5月	2021年11月	2022年11月

バージョンアップについての詳細は、公式ページで公開されています（図2-19）。

■Angularのバージョンとリリース

https://angular.jp/guide/releases

図2-19 Angularのバージョンとリリース

2) 後方互換性

メジャーバージョンアップすると後方互換が基本的に保証されないため、移行が必要です。

3) バージョンアップガイド

たとえば、最新版（2022年8月時点）であるバージョン14への移行ガイドは公式サイトに準備されています。

■バージョン14への移行ガイド（図2-20）

https://angular.jp/guide/update-to-latest-version

図2-20 バージョン14への移行ガイド

さらに、アプリの内容に応じたインタラクティブなガイドツールも用意されています。

■インタラクティブな移行ガイド（図2-21）

https://update.angular.io/

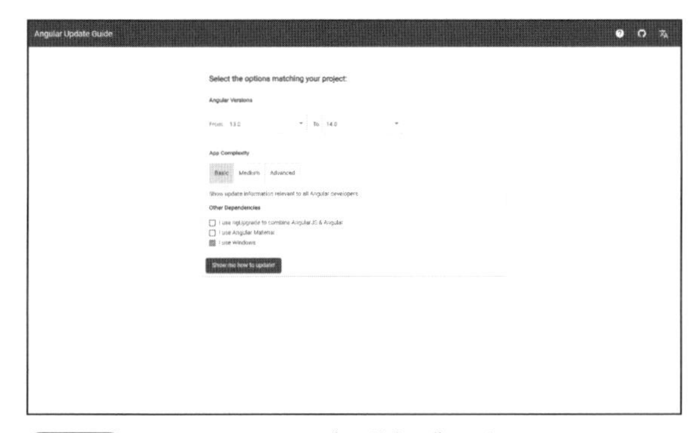

図2-21 インタラクティブな移行ガイド

2-3 Vue.jsの特徴

・Vue.js公式サイト　https://v3.ja.vuejs.org/

図2-22 Vue.js公式サイト

2-3-1 生い立ち (Vue.js)

Evan You（個人）が「Angularの本当に好きだった部分を抽出して、余分な概念なしに本当に軽いものを作る」という動機でVue.jsの開発を始めたと言われています。その動機に沿って、コンポーネントの記述はAngularに近いHTMLテンプレート方式*2、機能はReactに近いコア機能のみ提供になっています*3。個人の開発で始まったVue.jsですが、現在では多くのスポンサー企業が参加してコミュニティが形成されています。

■スポンサー企業一覧 (図2-23)

https://github.com/vuejs/core

図2-23 Vue.jsのスポンサー企業

＊2　バージョン3では、オプションとしてJSXもサポートしています。

＊3　オプションとして追加できるVue Routerなどの公式ライブラリもあります。

2-3-2 設計方針 (Vue.js)

1) 軽量&プログレッシブ (段階的な機能拡張)

コア機能のパッケージは、ライブラリのサイズが最小で20Kバイト程度です（公式サイトから引用）。Vue Routerなどの公式ライブラリを追加して、段階的な機能拡張ができます。

2) テンプレートとSFC (Single File Component) の採用

コンポーネントの実装を、SFCと呼ばれる1つのファイルで行のが一般的です。SFCの内部はスクリプトブロックと、HTMLを独自に機能拡張したテンプレートブロック、CSSブロックに分割されています（図2-24)。

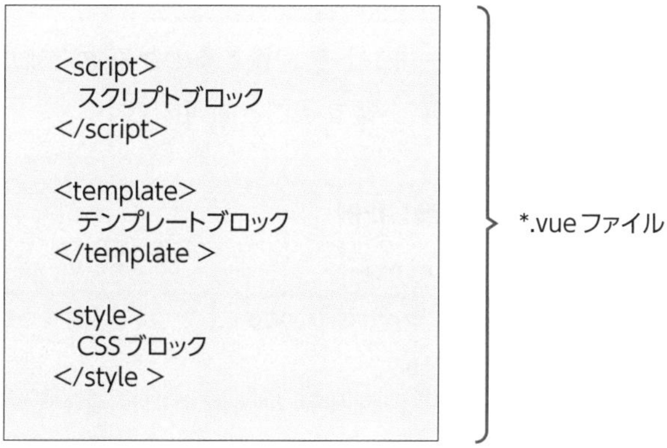

```
<script>
  スクリプトブロック
</script>

<template>
  テンプレートブロック
</template >

<style>
  CSSブロック
</style >
```

*.vueファイル

図2-24 SFCの内容

2-3-3 コンポーネント作成例 (Vue.js)

リスト2-5 Vue.jsでのコンポーネント作成例

```
■コンポーネント（Component01.vue)

<!-- スクリプトブロック -->
<script setup>
  const data01="こんにちは";
</script>

<!-- テンプレートブロック -->
```

```
<template>
  <h1>{{data01}}</h1>
</template>

<!-- CSSブロック -->
<style>
h1{
  color: red;
}
</style>
```

リスト2-5のコードでは、「Component01.vue」ファイルを使用してコンポーネントを作成しています。

SFCの名前通り、1ファイルでコンポーネントを定義するのが基本ですが、リスト2-6のように3つのブロックを別ファイルに分離することも可能です。

リスト2-6 3つのブロックを別ファイルに分離した例

```
<script src="./script.js"></script>
<template src="./template.html"></template>
<style src="./style.css"></style>
```

2-3-4 記述スタイル（Vue.js）

1) SFCによるコンポーネント定義

Vue.jsでは、コンポーネントをSFCの仕様に沿って記述するのが一般的です。

■SFCの仕様（図2-25）

https://v3.ja.vuejs.org/api/sfc-spec.html

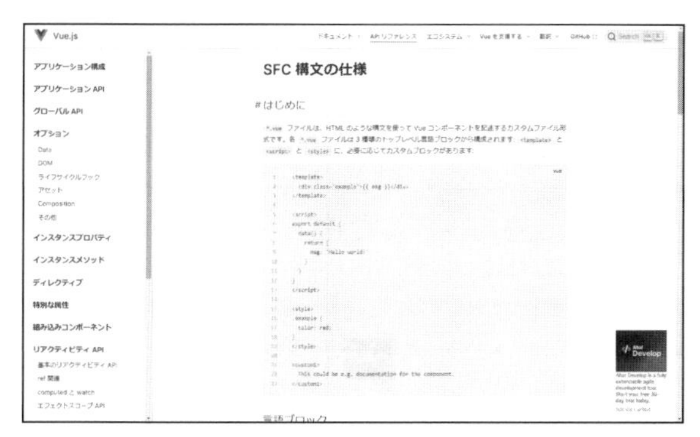

図2-25 SFCの仕様

2) バージョン3が標準

Vue.jsではバージョン3がリリース(2020年9月)された後も、バージョン2が標準として扱われていましたが、2022年2月からバージョン3が標準になりました。今後はバージョン3での開発が推奨されます。

■バージョン3が標準(図2-26)

https://blog.vuejs.org/posts/vue-3-as-the-new-default.html

図2-26 バージョン3を標準とする案内

Vue.jsではコンポーネントの作成に、従来からあるOptions APIと新しいComposition API(Vue 3.0以降)の2種類が選択可能です。Options APIのサポートは継続されますが、Composition APIの使用が推奨されています。

■Composition API(図2-27)

https://v3.ja.vuejs.org/guide/composition-api-introduction.html

図2-27 Composition　APIの解説

3) コード実装ガイドライン

公式サイトにスタイルガイドが準備されています。「必須」、「強く推奨」、「推奨」、「注意して使用」の4レベルに整理されています。

■スタイルガイド (図2-28)

https://v3.ja.vuejs.org/style-guide/

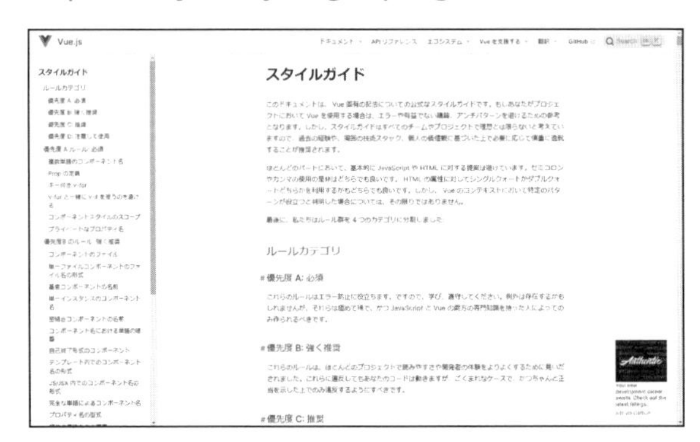

図2-28 スタイルガイド

公式サイトには、さらに特定のテーマについてのガイドであるクックブックも紹介されています（図2-28）。

■クックブック (図2-29)

https://v3.ja.vuejs.org/cookbook/

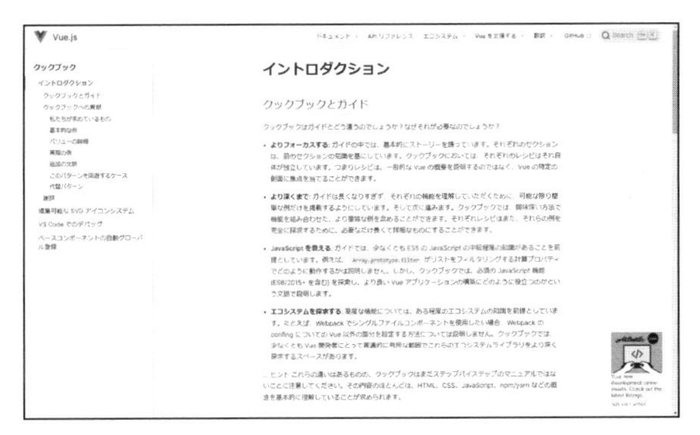

図2-29 クックブック

2-3-5 実装パターンごとの対応（Vue.js）

1) 埋め込み利用

Vue.jsで作成したコードを、既存のWebページに簡単に埋め込むことができます。手順は公式サイトに公開されています（図2-30）。

■CDN*4を使ったインストール手順

https://v3.ja.vuejs.org/guide/installation.html#cdn

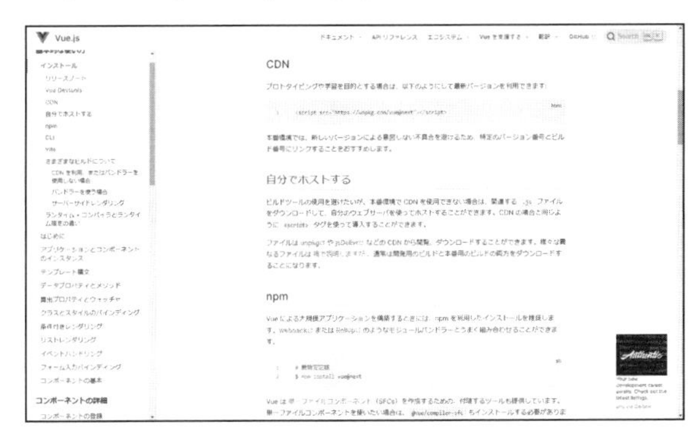

図2-30 CDNを使ったインストール手順

2) シンプルなSPA

SFCを使ったコンポーネントを組み合わせ、「シンプルなSPA」を開発できます。「Vite」を使ったビルドが推奨されています。

＊4　CDNはContent Delivery Networkの略で、インターネットのコンテンツ配信に利用されるサービスです。

■Vite（図2-31）

https://vitejs.dev/

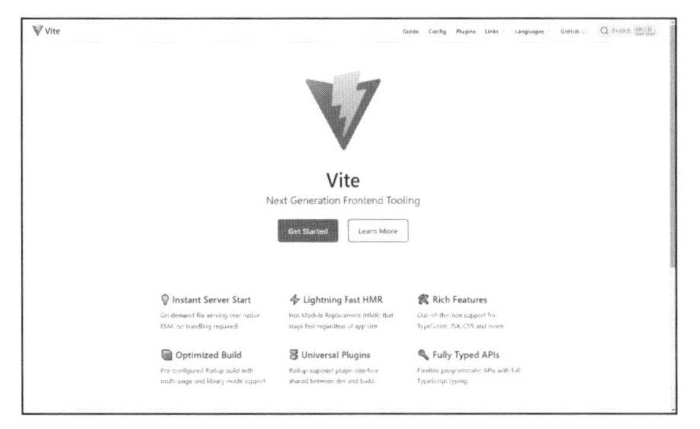

図2-31 Vite公式サイト

3) 複雑なSPA

「複雑なSPA」に必要なルーター機能を、公式ライブラリ「Vue Router」等を使って実装できます。

■Vue Router（図2-32）

https://router.vuejs.org/

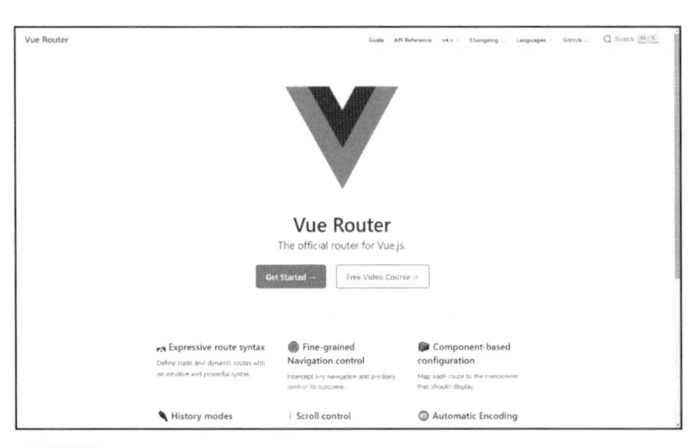

図2-32 Vue Router公式サイト

2-3-6 導入後のメンテナンス（Vue.js）

1) バージョンアップ

以下のルールでリリースが行われます。

- メジャーリリース
  非定期
- マイナーリリース
  常に新機能が含まれる
  通常3～6か月間隔
  常にベータ版を公開
- パッチリリース
  必要に応じてリリースされます。

最近のVue.jsメジャーバージョンアップの履歴は表2-3になります。

表2-3 最近のVue.jsメジャーバージョンアップの履歴

バージョン	リリース
3.0.0	2020年9月
2.0.0	2016年10月

■Vue.jsのリリース（図2-33）

https://vuejs.org/about/releases.html

図2-33 Vue.jsのリリース

2) 後方互換性

バージョン3はバージョン2と後方互換が保証されないため、移行が必要です。

3) バージョンアップガイド

バージョン2からバージョン3への移行については、公式ページで公開されています。

■バージョン2からバージョン3への移行(図2-34)

https://v3.ja.vuejs.org/guide/migration/migration-build.html

図2-34 バージョン2からバージョン3への移行

2-4 特徴の比較

2-4-1 比較表

表2-4 3つのフレームワークの比較

	React	Angular	Vue.js
1) 公開時期	2013年	2016年	2014年
2) 主導する開発会社	Meta (旧Facebook)	Google	Evan You(個人)
3) 開発の動機	Facebook フロントエンドの UI開発効率化	旧バージョン (AngularJS)の再設計	AngularJSの軽量化
4) フレームワーク開発元の社内での使用	あり	あり	個人が開発元のため 対象外
5) 方針	シンプル&自由	SPAに必要な すべてを提供	軽量& プログレッシブ
6) 採用技術	JSX	テンプレート TypeScript RxJS	テンプレート JSX(オプション)
7) コンポーネント定義	関数+フックまたは コンポーネントクラス	コンポーネントクラス サービスクラスのDI (依存性の注入)	SFC

	React	Angular	Vue.js
8）コードスタイルガイド	公式ガイドなし	公式ガイドあり	公式ガイドあり
9）埋め込み利用	対応	対応しない	対応
10）シンプルなSPA	対応	対応	対応
11）複雑なSPA	外部ライブラリ追加で対応	対応	外部または公式ライブラリ追加で対応
12）メジャーバージョンアップ頻度	非定期	6か月間隔 （サポートは18か月間）	非定期
13）バージョン移行支援	移行ガイド	移行ガイド インタラクティブツール	移行ガイド ビルドツール

2-4-2 項目ごとの比較

項目ごとに比較し、フレームワークごとの違いとその意味を解説します。

1) 公開時期

【違い】

大きな違いはありません。

【解説】

どのフレームワークも公開から５年以上が経過しています。その間、バージョンアップを繰り返して進化し、多数の導入実績がありますので、安定しているといえます。

2) 主導する開発会社

【違い】

大きな違いはありません。

【解説】

ReactとAngularは大企業が主導していますので、計画的に開発が進んでいます。Vue.jsは個人開発で始まっていますが、現在では多くのスポンサーとコミュニティの活動で、ReactやAngularに比べ開発スピードに大きな違いを感じることはないと思います。

3) 開発の動機

【違い】

フレームワークごとに異なります。方針や採用技術に影響しますが、フレームワーク選択には直接影響しません。

【解説】

各フレームワークの特徴の基本となるものです。Reactは、Facebook向けのフロントエンド開発のUI処理の複雑さを軽減するために開発されたので、UI部分に特化しています。Angularは、AngularJSの改善として多くの機能強化がされています。Vue.jsは、AngularJSの影響を受けているのでコンポーネント定義にテンプレートが使われています。

4) フレームワーク開発元の社内での使用

【違い】

大きな違いはありません。

【解説】

ReactとAngularは、それぞれのフレームワーク開発元の社内の大規模システムで使用していますので、新バージョンリリース前のフィードバックを受けるのに有利です。Vue.jsは、この点での不利をカバーするため、マイナーバージョンのリリースにおいても、必ずベータ版のプレリリースを行い、開発コミュニティからのフィードバックを受け取っています。

5) 方針

【違い】

大きな違いがあり、フレームワーク選択に影響します。

ReactとVue.jsは、最小機能と自由選択が特徴です。

Angularは、SPA開発に必要なフル機能を統合しています。

【解説】

Reactは、「シンプル＆自由」の方針のもと、UI作成のコア機能のみを提供し、足りないものは自由選択です。しかし、React定番のツールやライブラリがあるので、選択にそれほど悩むことはありません。

Vue.jsは、「軽量＆プログレッシブ」の方針のもと、UI作成のコア機能のみを提供しますが、足りないものは公式オプションまたは自由選択です。しかし、Vue.jsの公式サイトでは公式オプションであるVue CLIの代わりに、Viteが推奨されています。公式オプションといっても自由選択の1つに過ぎません。

つまり、ReactとVue.jsの機能の提供方針に大きな違いはありません。

Angularは、「SPAに必要なすべてを提供」の方針のもと、コア機能、ルーターなどのオプション機能、ビルドツールなど、多くの機能を統合して提供します。なお、フル機能と聞くと実行時のファイルサイズの肥大化が気になりますが、各機能はモジュールに分割されており、必要なもののみビルドして肥大化を抑制しています。

ReactとVue.jsの方針である自由選択には、以下のようなメリットがあります。

- 使い慣れたライブラリやツールが利用できる
- 自分のプロジェクトに最適なチューニングができる
- 最新のツールやライブラリを利用できる
- 開発環境のブラックボックス化を防げる

自由選択にはデメリットもあります。

- 最適な選択のための調査、検討が必要
- ツールやライブラリの組み合わせでトラブルが発生するリスクがある
- 組み合わせの依存関係を維持するための継続的なバージョンアップと設定、動作確認が必要

Angularの多機能を統合する方針には、以下のメリットがあります。

- 組み合わせの相性トラブルの心配がない
- 組み合わせたバージョンの整合性維持に苦労しない

多機能を統合すると、デメリットもあります。

- 自分のプロジェクト用の細かなチューニングがやりづらい
- 開発環境がブラックボックス化する

6) 採用技術

【違い】

大きな違いあり、開発者の前提スキルに影響します。

- ReactはJSX
- Angularはテンプレート、TypeScript、RxJS

● Vue.jsはテンプレートまたはJSX

【解説】

UIを定義する技術として、JavaScriptを拡張したJSX、またはHTMLを拡張したテンプレートがあります。両者の記述に互換性はありませんし、同じテンプレートでもAngularとVue.jsでは構文が異なります。JSXとテンプレートでは前提スキルも異なります。JSXはJavaScriptとHTML両方のスキルが必要で、テンプレートはHTMLのスキルで対応できます。

さらにAngularでは、JavaScriptの代わりにTypeScriptを利用し、RxJSのスキルが要求されることがあります。ReactとVue.jsもTypeScriptを利用可能ですが、必須ではありません。

7) コンポーネント定義

【違い】

大きな違いあり、フレームワークごとのルールに従って定義します。

【解説】

Reactは、コンポーネントクラスまたは関数＋フックをコンテナとしてコンポーネント定義を行います。

Angularは、コンポーネントクラスをコンテナとしてUIの入出力を定義し、データ処理ロジックを定義したサービスクラスをDI（依存性の注入）します。

Vue.jsは、SCF(単一コンポーネントファイル）仕様に沿って1つのファイルにスクリプト、テンプレート、CSSを記述してコンポーネントを定義するのが基本です。

フレームワークごとにコード記述が異なり、互換性はありません。

8) コードスタイルガイド

【違い】

大きな違いあり、実装コードの品質に影響します。

● React：なし
● AngularとVue：あり

【解説】

Reactは、コードスタイルは開発者が決めるものだという方針でコードスタイルガイドを提供していません。AngularとVue.jsは公式のスタイルガイドを公開しており、方針が異なります。

コードスタイルガイドなしでチーム開発を行うと、実装コードにバラツキが発生し、生産性・保守性の低下につながりますのでガイドは重要です。Reactの場合は、ネットやReact経験者などからの情報をもとにガイドを独自に作成する必要があります。

9) 埋め込み利用

【違い】

大きな違いがあります。

ReactまたはVue.jsは対応していますが、Angularは非対応です。

【解説】

既存のWebページにコードを追加するには、ビルドを必要としないライブラリファイルを利用するのが一般的です。

このライブラリファイルを使った実行について、ReactとVue.jsは公式サイトに記述がありますが、Angularの公式サイトには記述がありません。

10) シンプルなSPA

【違い】

大きな違いはありません。

【解説】

React・Angular・Vue.jsいずれも対応できます。

11) 複雑なSPA

【違い】

大きな違いがあり、React・Vue.jsでは機能の追加が必要です。

【解説】

Reactは、ルーターなどの機能を含みませんので、外部ライブラリの追加が必要です。

Angularは、ルーターなどの機能が統合されていますので、対応できます。

Vue.jsは、ルーターなどの機能を含みませんので、公式ライブラリまたは外部ライブラリの追加が必要です。

12) メジャーバージョンアップ頻度

【違い】

大きな違いあり、導入後のメンテナンスに影響します。

ReactとVue.jsは、非定期です。

Angularは、定期的です。

【解説】

メジャーバージョンアップは、原則的に破壊的バージョンアップです。現在稼働しているアプリの動作が保証されませんので、移行作業が伴います。移行作業を計画的に実施するのが好ましいか、必要になった都度実施するのが好ましいか、導入後のメンテナンス方針に影響します。

13) バージョン移行支援

【違い】

大きな違いはありません。

【解説】

いずれのフレームワークも、互換性のないバージョンアップについての移行ガイドが準備されています。

第3章 開発環境を体験して比較

２章では各フレームワークの特徴の比較をしました。しかし、解説だけでは具体的なイメージがつかみにくいと思います。３章では、各フレームワークの開発環境の操作体験を通じて、違いを詳細かつ具体的に理解します。CDNを利用する場合と、ツールチェーン*1を利用する場合の２パターンを体験します。

3-1 Reactの開発環境

3-1-1 CDNを利用した開発環境（React）

1）概要

CDNによる開発は、従来のWebページ作成手順と類似していますので学習コストが低く、既存のWebページに埋め込んで利用できます。具体的には、既存のhtmlファイル内にscriptタグでReactライブラリとそのライブラリを呼び出すスクリプトファイルを読み込みます（図3-1）。

＊1　パッケージマネージャー、バンドラ、コンパイラなどのツールを組み合わせて、一連の処理を自動で行うもの。

```
...
<body>
... 既存の HTML ...
<div>
  コンポーネントの出力先
</div>
... 既存の HTML ...
<script src="Reactライブラリの CDN リンク">
<script src="React APIを呼び出すスクリプト">
</script>
</body>
...
```

*.htmlファイル

図3-1 既存ページへReactの埋め込み

2)CDNのURL

React公式サイトには以下のCDNリンクが紹介されています。なお、ライブラリファイルは、react.development.jsとreact-dom.development.jsの2つが必要です。

■開発用

https://unpkg.com/react@18/umd/react.development.js
https://unpkg.com/react-dom@18/umd/react-dom.development.js

■React CDNリンク

https://ja.reactjs.org/docs/cdn-links.html（図3-2）

図3-2 React CDNリンク

3) ライブラリのバージョン指定

CDNから取得するライブラリのバージョンを厳密に指定するには、CDNリンクの「@xxx」の部分でセマンテックなバージョン指定をします。

■React18.1.0の指定例

https://unpkg.com/browse/react**@18.1.0**/umd/react.development.js

4) crossorigin属性

CDN読み込みを指定するscriptタグにはcrossorigin属性の設定が推奨されています。

■crossorigin属性の設定例

```
<script crossorigin
  src="https://unpkg.com/react@18.1.0/umd/react.development.js"></
script>
```

5)JSXをReact API呼び出しへ変換

CDNから取得したReactライブラリのAPIをJavaScriptから直接呼び出す方法であれば、ここまでの1)～4)の手順で開発を始められます。しかし、Reactの特徴であるJSX構文を利用するには、JSXで記述されたコードをReactライブラリのAPI呼び出しに変換する必要があります（図3-3）。

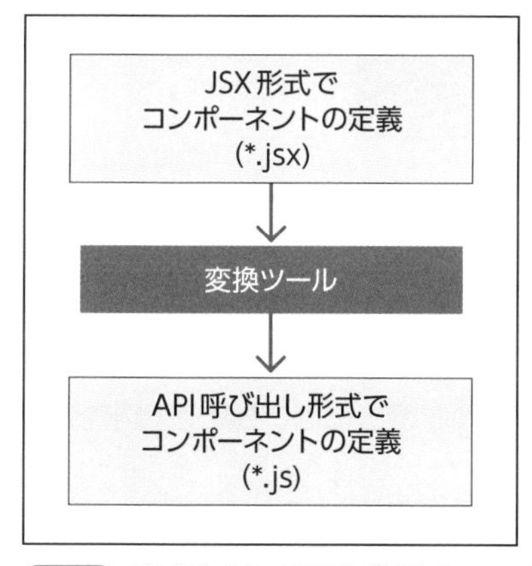

図3-3 JSX形式をAPI呼び出しにコード変換

たとえば、以下のような変換が必要です（図3-4）。

JSX形式

```
const element = <h1 id="title01">Hello</h1>;
```

↓ React API呼び出しに変換

```
var element = React.createElement(
        "h1",
        {id: "title01"},
        "Hello"
        );
```

図3-4 JSXからReact API呼び出しへの変換例

Reactの公式サイトでは「Babel」というツールを使ったJSXへの変換が紹介されています。

■Babel公式サイト

https://babeljs.io/

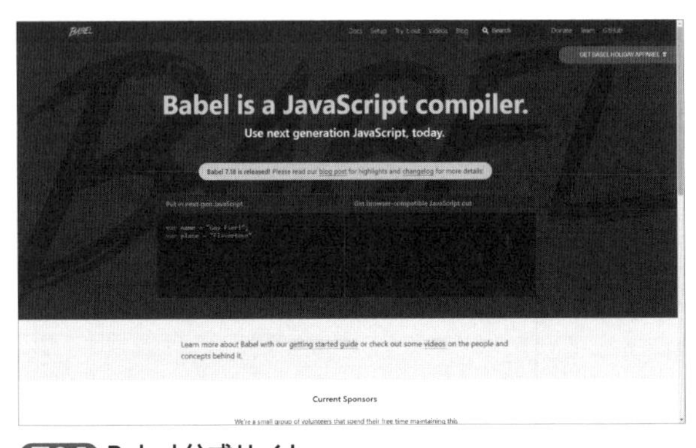

図3-5 Babel公式サイト

コマンドラインからBabelによるJSXの変換を行うには、Babelの事前インストールが必要です。

```
//インストール
npm install babel-cli@6 babel-preset-react-app@3
```

```
//変換コマンド
npx babel 変換元のフォルダ --out-dir 変換結果の出力先フォルダ --presets
react-app/prod
```

また、BabelによるJSXは変換をCDNで提供されるパッケージで行うことも可能です。この場合、インストールや変換コマンドは不要になります。詳細は以下のURLを参照してください。

■JSXを手軽に試してみる

https://ja.reactjs.org/docs/add-react-to-a-website.html#quickly-try-jsx（図3-6）

図3-6 JSXを手軽に試してみる

3-1-2 CDNを利用した開発を体験（React）

CDNを使って既存のWebページに、Reactのコードを埋め込んだサンプルを体験しましょう。ボタンをクリックするごとにカウントが増加するカウンターを埋め込みます。以下の手順で進めます。

1）前提ソフトのインストール

実行するには、Node.jsが必要です。コマンドプロンプトから「node -v」コマンドでNode.jsのバージョンを表示して、インストール状況を確認します。Node.jsが未インストールの場合は、公式サイトからLTS（長期サポート）版をダウンロードして、インストールします。

■Node.js公式サイト

https://nodejs.org/ja/

2) ダウンロードファイルの展開

本書サポートサイト（本書の初めにある「本書を読む前に」のページを参照）からダウンロードした「counter-react-cdn_YYYYMMDD.7z」（YYYYMMDDは更新日））ファイルを7zipツールで展開します（図3-7）。なお、ダウンロードファイルにはJSXを変換するBabelがインストール済みです。

■7zipツール

https://sevenzip.osdn.jp/

```
│   counter.js              //Babelで変換済のJavaScript
│   index.html              //既存のWebページ
│   package-lock.json
│   package.json            //Babel変換とWebサーバー起動スクリプト
│   style.css               //埋め込んだコンポーネントに適用するスタイル
│
¥──node_modules             //npmパッケージ群
│
¥──src
       counter.jsx          //JSX形式で記述されたReactコンポーネント
```

図3-7 counter-react-cdn_YYYYMMDD.7z展開後のフォルダ構造

3) index.htmlの内容確認

index.htmlをテキストエディタで開きます （リスト3-1）。既存のHTMLに、コンポーネントの出力先のdivタグ、CDNからReactライブラリを読み込むscriptタグ、Reactコンポーネント定義を読み込むscriptタグを追加しています。

リスト3-1 index.htmlの内容

```
<!DOCTYPE html>
<html lang="en">
<head>
  <meta charset="UTF-8">
```

```
  <title>counter-react-cdn</title>
  <!--  CSSファイルの読み込み-->
  <link rel="stylesheet" href="style.css">
</head>
<body>
<h3> ... 既存の HTML ... </h3>

<!--Reactコンポーネントの出力先-->
<div id="container" class="container-block"></div>❶

<h3> ... 既存の HTML ... </h3>

<!--CDNのURL（reactとreact-dom)-->
<script src="https://unpkg.com/react@18.1.0/umd/react.
development.js" crossorigin></script>❷
<script src="https://unpkg.com/react-dom@18.1.0/umd/react-dom.
development.js" crossorigin></script>❸

<!--変換済のReactコンポーネント-->
<script src="counter.js"></script>❹
</body>
</html>
```

❶このdiv要素内にReactコンポーネントを出力します。style.cssファイルに定義したcontainer-blockクラス（黒枠、背景水色）をこのdiv要素に適用します。

❷❸ここでReactの実行に必要なライブラリ(reactとreact-dom)をCDNから取得します。

❹BabelでJSXをAPI呼び出しに変換したcounter.jsを読み込みます。

4) src¥counter.jsxの内容確認

src¥counter.jsxをテキストエディタで開きます（リスト3-2)。JSX形式でCounterという名前のコンポーネントを定義しています。

リスト3-2 src¥counter.jsxの内容

```
//コンポーネントの定義
const Counter = () => {    ❶
  //カウンターの値を保持する状態変数countを定義
  const [count, setCount] = React.useState(1);❷
  //出力するDOM構造を返す
  return (
    <div>                                            Ⓐ
      <button
        onClick={() => setCount(count+1)}>❸
        +1
      </button>
      カウント:{count}❹
    </div>
  );
};

//コンポーネントの出力先を取得
const container = document.querySelector("#container");❺
//コンポーネントを表示(レンダリング)
ReactDOM.createRoot(container).render(<Counter/>);❻
```

❶「Counter」という名前の関数でコンポーネントを定義します。

❷ReactのAPIであるuseState(初期値)を利用して、カウンターの値を保持する状態変数(ここではcount)と状態変数の値を変更する関数(ここではsetCount())を取得します。

❸ボタンをクリックすると、countに1を加算して代入します。

❹現在のcountの値を出力します。Reactでは{式}の記述でデータバインドを行います。

❺htmlファイルに記述した<div id="container">への参照を取得して、変数containerに代入します。

❻ReactDOMのAPIであるcreateRoot()で、コンポーネントの出力先(ここではcontainer変数の参照先)と、render()で出力するコンポーネントを指定します。コンポーネントの指定は関数名でなく、<Counter/>で行います。

Ⓐ JSXの記述ブロック

5) package.jsonの内容確認

package.jsonをテキストエディタで開きます（リスト3-3）。npm runスクリプトとして、BabelによるJSXの変換とテスト用Webサーバーの起動、依存パッケージとして、Babel本体とReact用JSX変換パッケージが登録されています。

リスト3-3 package.jsonの内容

```
{
  "name": "counter-react-cdn",
  "version": "1.0.0",
  "description": "",
  "main": "index.js",
  "scripts": {
    "test": "echo ¥"Error: no test specified¥" && exit 1",
    "compile": "babel src --out-dir . --presets react-app/prod"
,❶
    "server": "npx http-server -c-1"❷
  },
  "keywords": [],
  "author": "",
  "license": "ISC",
  "dependencies": {
    "babel-cli": "^6.26.0",❸
    "babel-preset-react-app": "^3.1.2"❹
  }
}
```

❶「npm run compile」コマンドで呼び出されるスクリプトです。実行すると、Babelがsrc¥counter.jsxファイルに記述されたJSXを、API呼び出しに変換してcounter.jsファイルに出力します。

❷「npm run server」コマンドで呼び出されるスクリプトです。実行すると、サンプルコードを動作させるためのWebサーバーが起動します。「-c-1」は、Webサーバーのキャッシュ機能を無効にするオプション指定です。

http-serverの詳細　https://www.npmjs.com/package/http-server

❸ Babelをコマンドラインから呼び出すために必要なパッケージです。

❹ BabelがReactのJSX形式をReactのAPI呼び出しに変換するために必要なパッケージです。

6) BabelによるJSXの変換

コマンドプロンプトを開き、index.htmlと同じディレクトリに移動します。以下のコマンドを入力します。

```
npm run compile
```

変換のログが表示されます。ログを見ると、src¥counter.jsxが変換された結果が、counter.jsに出力されています。

```
> counter-react-cdn@1.0.0 compile
> babel src --out-dir . --presets react-app/prod

src¥counter.jsx -> counter.js
```

counter.jsファイルをテキストエディタで開くと、変換結果を確認できます。index.htmlでは、変換結果のcounter.jsが読み込まれます（リスト3-1の❹を参照）。

7) Webサーバーの起動

以下のコマンドを入力して、テスト用Webサーバーを起動します。

```
npm run server
```

Webサーバー起動のログが表示されます。

```
> counter-react-cdn@1.0.0 server
> npx http-server -c-1
```

```
Starting up http-server, serving ./
Available on:
  http://192.168.100.87:8080
  http://192.168.174.1:8080
  http://192.168.37.1:8080
  http://127.0.0.1:8080
Hit CTRL-C to stop the server
```

8)Webブラウザで以下のURLを開きます。

http://127.0.0.1:8080

URLは変更されることがあります。Webサーバー起動時のログの指示に従ってください。

9) 動作確認

カウンターを埋め込んだページが表示されます（図3-8）。枠で囲まれた水色の表示エリアがReactで作成したコンポーネントです。「+1」ボタンをクリックするごとに、カウントの表示が増加します。

ここまでで、CDNを利用してReactコンポーネントを作成し、既存のWebページへ埋め込む手順を確認できました。

... 既存の HTML ...

+1 カウント：1

... 既存の HTML ...

図3-8 サンプルコードの実行

3-1-3 ツールチェーンを利用した開発（React）

1) 概要

CDNを利用した開発では、環境の準備からアプリの実行まで、ほとんどを手作業で行いました。一方、ツールチェーンによる開発では、新規プロジェクトのテンプレート作成、ビルド処理、テスト用Webサーバーの起動など、多くの作業をコマンド1つで実行できます。

2) ツールチェーンの選択肢

Reactには標準の開発環境ツールチェーンはありませんが、公式サイトでは、ReactをベースとしたWebサイト構築の環境や、ゼロからツールチェーンを構築するヒントまで、さまざまな選択肢が紹介されています（図3-9）。

■公式サイトのツールチェーン紹介ページ

https://ja.reactjs.org/docs/create-a-new-react-app.html#nextjs

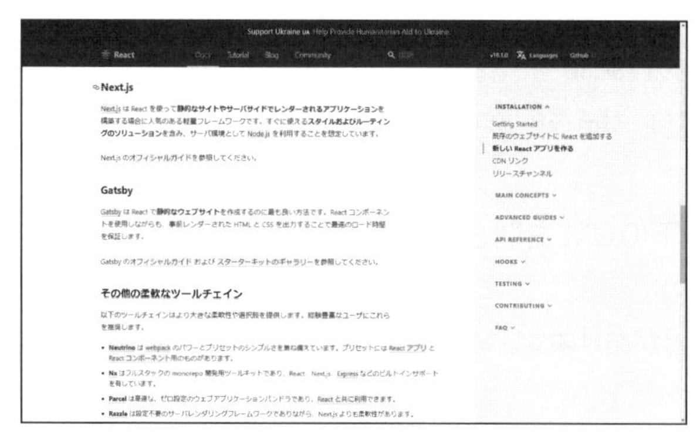

図3-9 公式サイトのツールチェーン紹介ページ

3) よく利用されるツールチェーン

よく利用されるツールチェーンとして「Create React App」があります。

■Create React App公式サイト

https://create-react-app.dev/（図3-10）

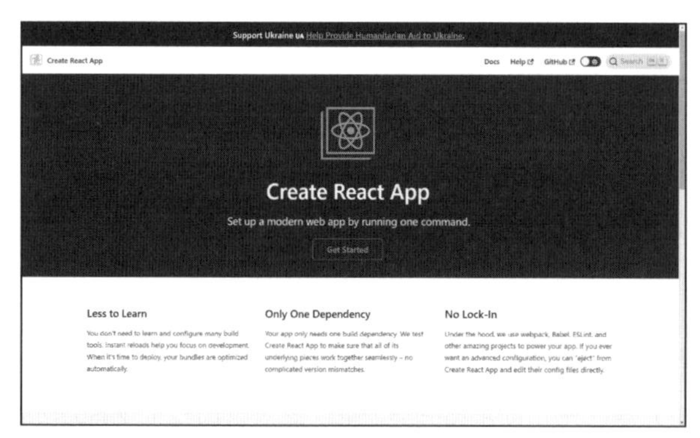

図3-10 Create React App公式サイト

Create React Appは、以下の処理が実行可能です。

- 新規プロジェクトの作成
- テスト用Webサーバーの実行
- 開発用ビルド

● 本番用ビルド

● 単体テスト

新規プロジェクトのテンプレートは、カスタマイズが可能です。また、カスタマイズされたテンプレートもnpmで公開されています。詳細は、Create React App公式サイトの「Custom Templates」のページで紹介されています。

■Custom Templates

https://create-react-app.dev/docs/custom-templates（図3-11）

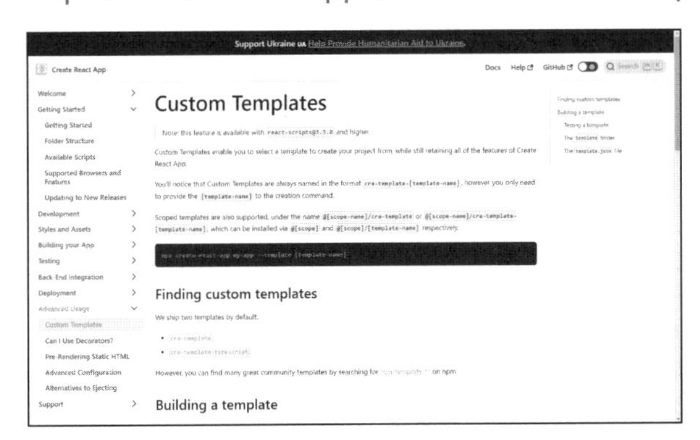

図3-11 テンプレートのカスタマイズ

3-1-4 Create React Appを体験

「Create React App」を用いて、新規プロジェクトの作成、ビルド、実行を行ってみましょう。

1) 事前準備

■前提ソフトのインストール

Create React Appを実行するには、Node.jsが必要です。コマンドプロンプトから「node -v」コマンドでNode.jsのバージョンを表示して、インストール状況を確認します。Node.jsが未インストールの場合は、公式サイトからLTS(長期サポート）版をダウンロードして、インストールします。

■Node.js公式サイト

https://nodejs.org/ja/

■古いバージョンのCreate React App削除

コマンドプロンプトから 以下のコマンドを入力し、古いバージョンを削除します。古いバージョンが存在しなくても正常終了します。

```
npm uninstall -g create-react-app
```

2) 新規プロジェクトの作成

コマンドプロンプトから 以下のコマンドを入力し、新規プロジェクトの作成を開始します。ここでは新規プロジェクトのフォルダ名をreact01とします。

```
npx create-react-app react01
```

プロジェクト作成中のログが表示されます （リスト3-4）。処理が完了するまで待ちます。

リスト3-4 プロジェクト作成のログ

```
Creating a new React app in C:¥xxxx¥react01.

Installing packages. This might take a couple of minutes.
Installing react, react-dom, and react-scripts with cra-
template...
(省略)
Success! Created react01 at C:¥xxxx¥react01
Inside that directory, you can run several commands:

  npm start
    Starts the development server.

  npm run build
    Bundles the app into static files for production.

  npm test
    Starts the test runner.
```

```
  npm run eject
    Removes this tool and copies build dependencies, configuration files
    and scripts into the app directory. If you do this, you can' t go back!

We suggest that you begin by typing:

  cd react01
  npm start

Happy hacking!
```

3) 新規プロジェクトの実行

カレントディレクトリをreact01に移動します。

```
cd react01
```

以下のコマンドを入力し、新規プロジェクトのソースコードのビルドとテスト用Webサーバーの起動を行います。

```
npm start
```

しばらくするとテスト用Webサーバー起動のメッセージが表示されます（リスト3-5）。

リスト3-5 テスト用Webサーバー起動のメッセージ

```
Compiled successfully!

You can now view react01 in the browser.

  Local:            http://localhost:3000
```

```
    On Your Network:  http://192.168.xxx.xxx:3000

  Note that the development build is not optimized.
  To create a production build, use npm run build.

  webpack compiled successfully
```

続いてWebブラウザが自動的に起動し、テストページが表示されます（図3-12）。

図3-12 Create React Appのテストページ

ここまでで、Create React Appを使った新規プロジェクトの作成と実行を確認できました。コマンドプロンプト画面を閉じて、テスト用Webサーバーを停止します。

3-1-5 テストページのコード確認（React）

新規プロジェクトの生成手順は確認できました。続いて、テストページを表示したコードを確認しましょう。

▶フォルダ構造

react01 フォルダを開き、プロジェクトの内容を確認します （図3-13）。コメント付きのファイルが重要です。

```
|   package-lock.json
|
```

```
│
│    package.json
│    README.md
│
├──node_modules
│
├──public
│       favicon.ico
│       index.html         //index.htmlテンプレート
│       logo192.png
│       logo512.png
│       manifest.json
│       robots.txt
│
¥──src
        App.css
        App.js             //JSXでコンポーネント定義
        App.test.js
        index.css
        index.js           //エントリーポイント
        logo.svg
        reportWebVitals.js
        setupTests.js
```

図3-13 react01 フォルダの内容

図3-13のフォルダ構成でコメントを付けた3個のファイルの関係は以下になります（図3-14）。さらに、これらファイルの内容を確認してみましょう。

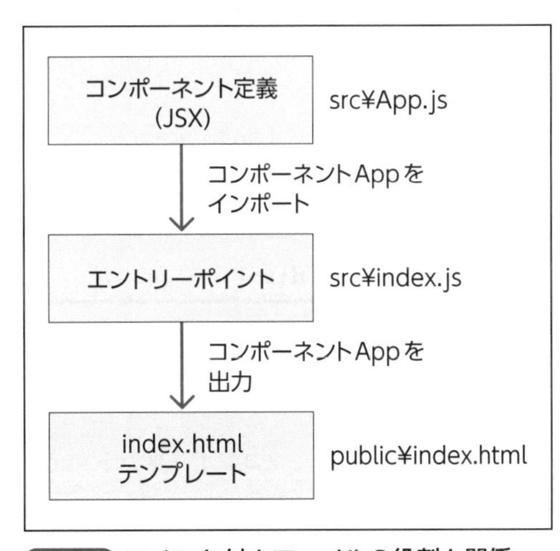

図3-14 コメント付きファイルの役割と関係

■コンポーネント定義の確認

src¥App.jsをテキストエディタで開きます（リスト3-6）。青い枠の部分がJSXによる記述です。ここでは、Appという名前の関数でコンポーネントを定義しています。

リスト3-6 src¥App.js

```
//Reactロゴをインポート
import logo from './logo.svg';
//スタイル定義をインポート
import './App.css';

// Appという名前の関数でコンポーネント定義
function App() {
  return (
    <div className="App">
    <header className="App-header">
      <img src={logo} className="App-logo" alt="logo" />
      <p>
        Edit <code>src/App.js</code> and save to reload.
      </p>
      <a
        className="App-link"
        href="https://reactjs.org"
        target="_blank"
        rel="noopener noreferrer"
      >
        Learn React
      </a>
    </header>
    </div>
  );
}

//定義したコンポーネントAppを外部から利用できるようにエクスポート
export default App;
```

■JavaScriptエントリーポイント（初めに呼び出されるルーチン）の確認

index.jsをテキストエディタで開きます　（リスト3-7）。青い枠の部分がJSXによる記述です。

リスト3-7 index.js

```
//reactライブラリのインポート
import React from 'react';
//react-domライブラリのインポート
import ReactDOM from 'react-dom/client';
//スタイル定義をインポート
import './index.css';
//App.jsで定義したコンポーネントAppをインポート
import App from './App';
//パフォーマンスのログを記録する機能をインポート
import reportWebVitals from './reportWebVitals';❶

//id属性が’root’のHTML要素をReactの出力先に指定
const root = ReactDOM.createRoot(
document.getElementById('root'));

//コンポーネントAppを出力
root.render(
  <React.StrictMode>
    <App />❷
  </React.StrictMode>
);

// If you want to start measuring performance in your app, pass
a function
// to log results (for example: reportWebVitals(console.log))
// or send to an analytics endpoint. Learn more: https://bit.
ly/CRA-vitals
reportWebVitals();❸
```

❶❸ reportWebVitalsについての詳細は、「Measurng Performance」のページを参照してください（図3-15）。

❷ App.jsで定義したコンポーネントAppを出力しています。なお、React.StrictModeについての詳細は、以下のURLを参照してください。
https://ja.reactjs.org/docs/strict-mode.html

■Measurng Performance
https://create-react-app.dev/docs/measuring-performance/

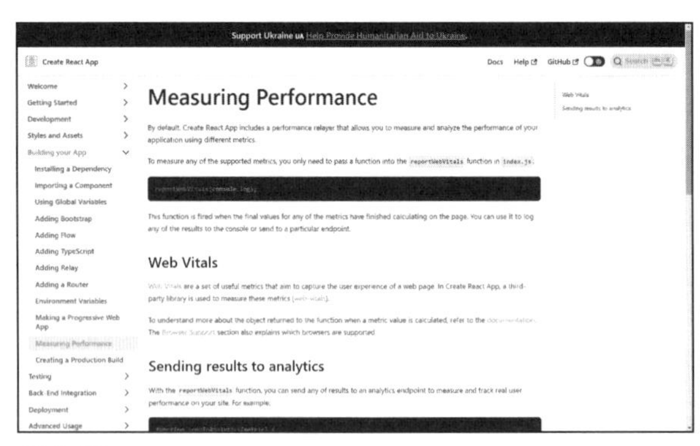

図3-15 Measurng Performance

▶ index.htmlテンプレートの確認

public¥index.htmlをテキストエディタで開きます（リスト3-8）。このファイルは、index.htmlのテンプレートです。最終的にWebブラウザにロードされるindex.htmlは、このファイルを元にツールチェーンで加工されたものになります。

リスト3-8 public¥index.html

```
<!DOCTYPE html>
<html lang="en">
  <head>
    <meta charset="utf-8" />
    <link rel="icon" href="%PUBLIC_URL%/favicon.ico" />❶
    <meta name="viewport" content="width=device-width,
    initialscale=1" />
    <meta name="theme-color" content="#000000" />
    <meta
```

```
      name="description"
      content="Web site created using create-react-app"
    />
    <link rel="apple-touch-icon" href="%PUBLIC_URL%/logo192.png"
    />❷
    (省略)
    <link rel="manifest" href="%PUBLIC_URL%/manifest.json" />❸
    (省略)
    <title>React App</title>
  </head>
  <body>
    <noscript>You need to enable JavaScript to run this app.
    </noscript>
    <div id="root"></div>❹
    (省略)
  </body>
</html>
```

❶❷❸ %PUBLIC_URL%はツールチェーンによって実際のURLに置き換えられます。

❹ index.jsで、id属性が"root"のHTML要素をReactの出力先に指定していますので、このdiv要素内にコンポーネントAppが出力されます。

3-2 Angularの開発環境

Angularには、「Angular CLI」と呼ばれる開発環境が標準で組み込まれています。そのため、ツールの選択は基本的に不要です。

3-2-1 CDNを利用した開発環境（Angular）

Angularでは、CDNを利用した開発環境は利用できません。CDNにはアプリで必要なAPIをすべて含む静的ライブラリファイルが必要ですが、Angularではこのようなファイルは公式サイトに紹介がありません。

3-2-2 ツールチェーンを利用した開発 (Angular)

Angular標準のツールチェーンは、「Angular CLI」です。

■Angular CLI紹介

https://angular.io/cli（図3-16）

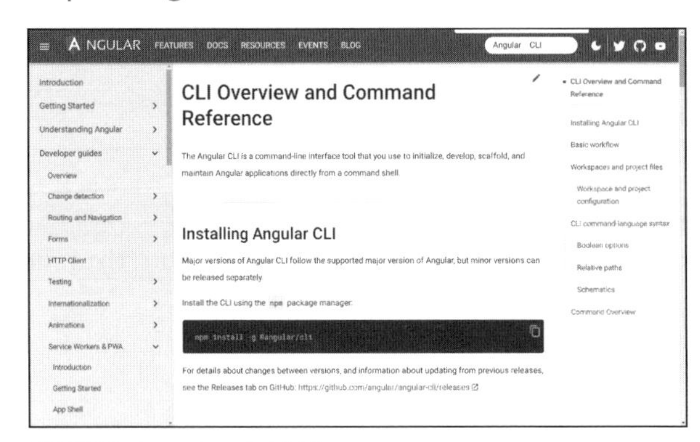

図3-16 Angular CLI紹介

表3-1はAngular CLIのコマンド一覧です。新規プロジェクトのテンプレート作成、ビルド、テスト用Webサーバーの起動などの基本機能に加えて、さまざまなコマンドが用意されており、開発作業の自動化が大きく進みます。

表3-1 Angular CLIコマンド一覧

コマンド	機能
add	既存のプロジェクトに機能を追加(pwa, material UIなど)
analytics	Google Analyticsとの連携
build	ビルド処理
cache	Angular CLIで利用するキャッシュの設定
completion	Angular CLIのコマンド入力のアシスト
config	angular.json の値をコマンドラインから設定
deploy	デプロイのためのビルド処理
doc	Angular公式サイトをキーワード検索
e2e	e2eテストの実行

コマンド	機能
extract-i18n	ソースコードからi18n(多国語対応)メッセージを抽出
generate	Angularの構成要素（コンポーネント、サービス等）単位でひな型を生成
lint	lint処理
new	新規プロジェクトのテンプレート生成
run	ターゲット情報に基づいたビルド処理
serve	ビルドしてテスト用Webサーバーで実行
test	単体テストの実行
update	既存プロジェクトでの依存パッケージのバージョン更新
version	Angular CLIのバージョンを返す

3-2-3 Angular CLIを体験

Angularの標準ツールチェーン「Angular CLI」を用いて、新規プロジェクトの作成、ビルド、実行をしてみましょう。

1）事前準備

■前提ソフトのインストール

Angular CLIを利用するには、Node.jsが必要です。コマンドプロンプトから「node -v」コマンドでNode.jsのバージョンを表示して、インストール状況を確認します。Node.jsが未インストールの場合は、公式サイトからLTS(長期サポート）版をダウンロードして、インストールします。

■Node.js公式サイト

https://nodejs.org/ja/

■古いバージョンのAngular CLI削除

コマンドプロンプトから以下のコマンドを入力し、古いバージョンを削除します。古いバージョンが存在しなくても正常終了します。

```
npm uninstall -g @angular/cli
```

2) Angular CLIのインストール

コマンドプロンプトから 以下のコマンドを入力し、Angular CLのインストールを開始します。

```
npm install -g @angular/cli
```

インストール中は、ログが表示されます。処理が完了するまで待ちます （リスト3-9）。

リスト3-9 インストール時のログ

```
(省略)
added 219 packages, and audited 220 packages in 14s

25 packages are looking for funding
  run `npm fund` for details

found 0 vulnerabilities
```

3) 新規プロジェクトの作成

コマンドプロンプトから以下のコマンドを入力し、新規プロジェクトの作成を開始します。ここでは新規プロジェクトのフォルダ名は、angular01とします。

```
ng new angular01
```

「ルータ機能を追加するか？」、「スタイルの指定方法は？」 という、2つの質問が表示されるので、以下の入力を行います(リスト3-10、青文字部分)。

リスト3-10 新規プロジェクト作成時の質問

```
?Would you like to add Angular routing?(y/N)
→「N」を入力
? Which stylesheet format would you like to use? (Use arrow
keys)
> CSS
```

```
SCSS [ https://sass-lang.com/documentation/syntax#scss
]
Sass [ https://sass-lang.com/documentation/syntax#theindented-
syntax ]
Less [ http://lesscss.org
]
→そのままEnterキーを押下（デフォルトのCSSを選択）
```

質問への回答を終えると、プロジェクト作成中のログが表示されます（リスト3-11）。処理が完了するまで待ちます。

リスト3-11 プロジェクト作成中のログ

```
CREATE angular01/angular.json (2937 bytes)
CREATE angular01/package.json (1040 bytes)
CREATE angular01/README.md (1063 bytes)
....
The file will have its original line endings in your working
directory
warning: LF will be replaced by CRLF in tsconfig.spec.json.
The file will have its original line endings in your working
directory
    Successfully initialized git.
```

4) 新規プロジェクトの実行

カレントディレクトリをangular01に移動します。

```
cd angular01
```

コマンドプロンプトから 以下のコマンドを入力し、ソースコードのビルドとテスト用Webサーバーの起動を行います。

```
ng serve
```

「使用状況を匿名でGoogleへ通知してよいかどうか」の確認メッセージが表示されるので、入力を行います(リスト3-12、青文字部分)。

リスト3-12 使用状況通知の確認メッセージ

```
? Would you like to share anonymous usage data about this
project
with the Angular Team at
Google under Google ' s Privacy Policy at https://policies.
google.
com/privacy? For more
details and how to change this setting, see https://angular.io/
analytics. (y/N) →「y」または「N」を入力
```

しばらくすると、テスト用Webサーバー起動のメッセージが表示されます(リスト3-13)。

リスト3-13 テスト用Webサーバー起動のメッセージ

```
Global setting: enabled
Local setting: disabled
Effective status: disabled
√ Browser application bundle generation complete.

Initial Chunk Files    | Names         |  Raw Size
vendor.js              | vendor        |   1.73 MB |
polyfills.js           | polyfills     | 313.43 kB |
styles.css, styles.js  | styles        | 207.35 kB |
main.js                | main          |  48.32 kB |
runtime.js             | runtime       |   6.52 kB |

                       | Initial Total |   2.29 MB

Build at: 2022-xx-xxT:02:25.514Z - Hash: f8541d210a1a0bc0 -
Time: 12780ms


** Angular Live Development Server is listening on
```

```
localhost:4200, open your browser on http://localhost:4200/ **

√ Compiled successfully.
```

Webブラウザを起動し、「http://localhost:4200/」のURLを開きます（図3-17）。

図3-17 Angular CLIのテストページ

ここまでで、新規プロジェクトの作成と実行が確認できました。コマンドプロンプト画面を閉じて、テスト用Webサーバーを停止します。

3-2-4 テストページのコード確認（Angular）

新規プロジェクトの生成手順は確認できました。続いて、テストページのコードを確認しましょう。

■フォルダ構造

angular01フォルダを開き、プロジェクトの内容を確認します（図3-18）。コメント付きのファイルが重要なファイルです。

```
│    angular.json
│    karma.conf.js
│    package-lock.json
│    package.json
│    README.md
```

```
│   tsconfig.app.json
│   tsconfig.json
│   tsconfig.spec.json
│
¥──src
    │ favicon.ico
    │ index.html                  //index.htmlテンプレート
    │ main.ts                     //エントリーポイント
    │ polyfills.ts
    │ styles.css
    │ test.ts
    │
    ├──app
    │      app.component.css       //コンポーネント定義(CSS)
    │      app.component.html      //コンポーネント定義 (HTML)
    │      app.component.spec.ts
    │      app.component.ts        //コンポーネント定義 (TypeScript)
    │      app.module.ts           //モジュール定義
    │
    ├──assets
    │
    ¥---environments
           environment.prod.ts
           environment.ts
```

図3-18 angular01フォルダの内容

図3-18のフォルダ構成の説明でコメントを付けた6個のファイルの関係は以下になります（図3-19)。さらに、これらファイルの内容を確認してみましょう。

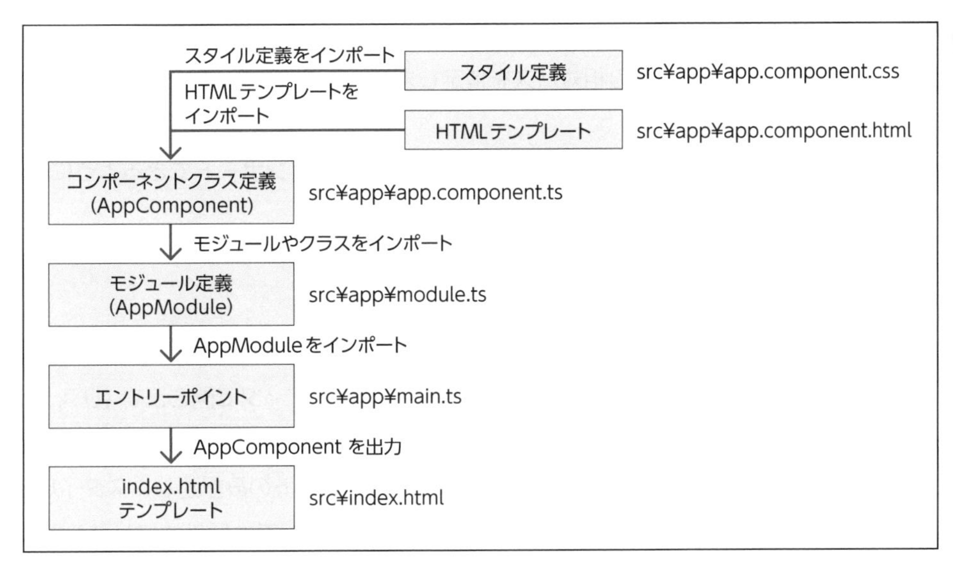

図3-19 コメント付きファイルの関係

■コンポーネントクラス定義の確認

src¥app¥app.component.tsをテキストエディタで開きます（リスト3-14）。Angularではコンポーネントクラスの定義に必要な情報を追加するため、@Componentデコレーターをクラス定義の前に記述します（青枠の部分）。

リスト3-14 src¥app¥app.component.ts

```
import { Component } from '@angular/core';❶

  @Component({
    selector: 'app-root',❷
    templateUrl: './app.component.html',❸
    styleUrls: ['./app.component.css']❹
  })
  export class AppComponent {❺
    title = 'angular01';❻
  }
```

❶Componentデコレーターをライブラリからインポートします。

❷コンポーネントの出力先をCSSセレクター形式で指定します。ここでは<app-root></app-root>を出力先に指定しています。

❸HTMLテンプレートファイルへの相対パスを指定します。
❹CSSファイルへの相対パスを指定します。なお、CSSファイルは配列形式で複数指定可能です。
❺AppComponentクラスを定義し、外部からインポートできるようにexportしています。
❻AppComponentクラスにtitleプロパティ追加

■HTMLテンプレートの確認

src¥app¥app.component.htmlをテキストエディタで開きます（リスト3-15）。先頭にスタイル定義、それに続いてHTMLが記述されています。Angularでは、通常HTMLテンプレートファイルにはHTMLテンプレートのみ記述し、スタイル定義はCSSファイルに記述します。しかし、このテストページでは例外的にHTMLテンプレート内にスタイル定義を記述しています。なお、コンポーネントのプロパティを出力する{{ title }}やクリックイベントの処理を記述する(click)などのAngular独自の拡張構文*2以外は、HTMLの知識があれば理解できます。

リスト3-15 src¥app¥app.component.html

```
<!-- * * * * * * * * * * * * * * * * * * * * * * * * * * * -->
<!-- * * * * * * * * * The content below * * * * * * * * * -->
（省略）
<style>
  :host {
    font-family: -apple-system, BlinkMacSystemFont, "Segoe UI",
    Roboto, Helvetica, Arial, sans-serif, "Apple Color Emoji",
    "Segoe UI Emoji", "Segoe UI Symbol";
    font-size: 14px;
    color: #333;
    box-sizing: border-box;
    -webkit-font-smoothing: antialiased;
    -moz-osx-font-smoothing: grayscale;
  }
（省略）
```

＊2　Angular独自の拡張構文（テンプレートシンタックス）は4章で解説します。

```
</style>

<!-- Toolbar -->
<div class="toolbar" role="banner">
(省略)
    <span>{{ title }} app is running!</span>
(省略)
  <div class="card-container">
    <button class="card card-small"
    (click)="selection.value = 'component'" tabindex="0">
(省略)
<!-- * * * * * * * End of Placeholder * * * * * * *  -->
<!-- * * * * * * * * * * * * * * * * * * * * * * * * * * -->
```

■スタイル定義の確認

src¥app¥app.component.cssをテキストエディタで開くと、空白です。Angularではコンポーネントに適用するスタイル定義をここに記述しますが、このテストページでは例外的にHTMLテンプレート内にスタイル定義しているためです。なお、ここでの構文はCSS標準ですので、Angular独自の知識は不要です。

■モジュール定義の確認

Angularではプログラムをモジュール単位で管理できます。モジュール分割することで、初期表示にかかる時間を短縮したり、セキュリティを高めたりできます。分割しない場合でも最低1つのモジュール定義が必要です。このテストページでも、app.module.tsにモジューを1つ定義しています。src¥app¥app.module.tsをテキストエディタで開きます（リスト3-16）。Angularではモジュールクラスに必要な情報を追加するため、@NgModuleデコレーターをクラス定義の前に記述します（青枠の部分）。

リスト3-16 src¥app¥app.module.ts

```
import { NgModule } from '@angular/core';❶
import { BrowserModule } from '@angular/platform-browser';❷
import { AppComponent } from './app.component';❸

@NgModule({
```

```
  declarations: [
    AppComponent❹
  ],
    imports: [
    BrowserModule❺
  ],
  providers: [],❻
  bootstrap: [AppComponent]❼
})
export class AppModule { }❽
```

❶NgModuleデコレーターをライブラリからインポートします。
❷Webブラウザ上で動作させるためのモジュール（BrowserModule）をインポートします。
❸コンポーネント定義（AppComponent）をインポートします。
❹モジュールにAppComponentを登録します。
❺モジュールにBrowserModuleをインポートします。
❻モジュールにサービスの登録をします。ここでは、何も登録していません。
❼起動時に表示するコンポーネントを指定します。
❽AppModule クラスを定義し、外部からインポートできるようにexportしています。

Angularモジュールの詳細については公式サイトを参照してください（図3-20）。

- Introduction to modules
  https://angular.io/guide/architecture-modules

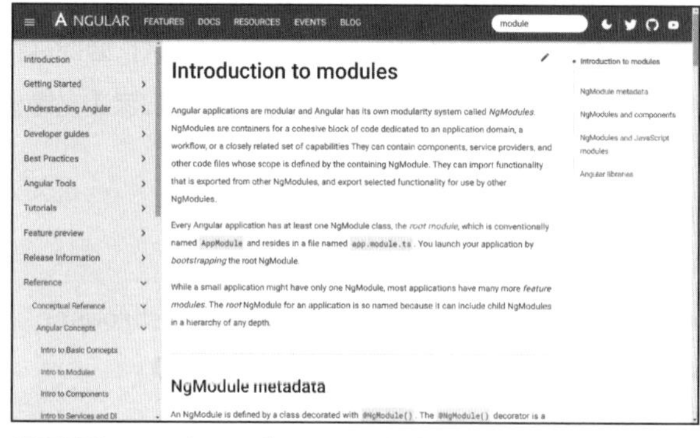

図3-20 Angularモジュールの紹介

■エントリーポイント（始めに呼び出されるルーチン）の確認

src¥main.tsをテキストエディタで開きます（リスト3-17）。起動時（bootstrap）にAppModuleをロードする設定になっています（青文字部分）。

リスト3-17 src¥main.ts

```
import { enableProdMode } from '@angular/core';
import { platformBrowserDynamic } from '@angular/platform-
browser-dynamic';

import { AppModule } from './app/app.module';
import { environment } from './environments/environment';

//environment.productionがtrueの時はプロダクション（本番）モードで実行
if (environment.production) {
  enableProdMode();
}

//AppModuleをロードして起動
platformBrowserDynamic().bootstrapModule(AppModule)
  .catch(err => console.error(err));
```

■index.htmlテンプレートの確認

src¥index.htmlをテキストエディタで開きます（リスト3-18）。このファイルは、index.htmlのテンプレートです。最終的にWebブラウザにロードされるindex.htmlは、このファイルを元にAngular CLIで加工されたものになります。

リスト3-18 src¥index.html

```
<!doctype html>
<html lang="en">
<head>
  <meta charset="utf-8">
  <title>Angular01</title>
  <base href="/">
  <meta name="viewport" content="width=device-width, initial-
```

```
scale=1">
  <link rel="icon" type="image/x-icon" href="favicon.ico">
</head>
<body>
  <app-root></app-root>❶
</body>
</html>
```

❶ コンポーネント定義のselectorで指定した<app-root></app-root>にコンポーネントが出力されます。

3-3 Vue.jsの開発環境

3-3-1 CDNを利用した開発環境（Vue.js）

1）概要

Vue.jsのCDNを利用した開発では図3-21のように、既存のhtmlファイル内にscriptタグでVueライブラリとそのライブラリを呼び出すスクリプトファイルを読み込みます。CDNによる開発は、従来のWebページ作成手順と類似していますので学習コストが低く、既存のWebページに埋め込んで利用できます。

```
...
<body>
... 既存の HTML ...
<div>
  コンポーネントの出力先
</div>
... 既存の HTML ...
<script src="Vueライブラリの CDNリンク">
<script src="Vue APIを呼び出すスクリプト">
</script>
</body>
...
```

*.htmlファイル

図3-21 htmlファイル内にscriptタグでライブラリとスクリプトを読み込む

2)CDNのURL

Vue公式サイトには以下のCDNリンクが紹介されています。

■開発用

https://unpkg.com/vue@next

■Vue CDNリンク

https://v3.ja.vuejs.org/guide/installation.html#cdn（図3-22）

図3-22 Vue CDNリンク

3) ライブラリのバージョン指定

CDNから取得するライブラリのバージョンを厳密に指定するには、CDNリンクの「@next」の部分でセマンテックなバージョン指定をします。

■Vue3.2.1の指定例

https://unpkg.com/vue@3.2.1

4) テンプレート構文のVue API呼び出しへの変換

Vue独自のテンプレート構文を実行するには、VueのAPI呼び出しに変換する必要があります。CDNで提供される開発用パッケージには、Vue独自のテンプレート構文をVueのAPI呼び出しに変換する機能が含まれていますので、変換のための手作業は不要です。

ただし、本番環境では変換の処理を@vue/compiler-sfcパッケージを利用して事前に行い、処理速度を向上させます。

■@vue/compiler-sfc　GitHub

https://github.com/vuejs/core/tree/main/packages/compiler-sfc

3-3-2　CDNを利用した開発を体験（Vue.js）

CDNを使って既存のWebページ（index.html）に、Vueのコードを埋め込んだサンプルを体験しましょう。埋め込むのは、ボタンをクリックするごとにカウントが増加するカウンターです。以下の手順で進めます。

1）前提ソフトのインストール

サンプルを動作させるために、Node.jsが必要です。コマンドプロンプトから「node -v」コマンドでNode.jsのバージョンを表示して、インストール状況を確認します。Node.jsが未インストールの場合は、公式サイトからLTS（長期サポート）版をダウンロードして、インストールします。

■Node.js公式サイト

https://nodejs.org/ja/

2）ダウンロードファイルの展開

本書サポートサイト（本書の初めににある「本書を読む前に」のページを参照）からダウンロードした「counter-vue-cdn_YYYYMMDD.7z」（YYYYMMDDはファイル更新日）ファイルを7zipツールで展開します（図3-23）。

■7zipツール

https://sevenzip.osdn.jp/

```
counter.js        //コンポーネントの動作定義
index.html        //既存のWebページ
package.json      //Webサーバー起動スクリプト
style.css         //埋め込んだコンポーネントに適用するスタイル
```

図3-23 counter-vue-cdn_YYYYMMDD.7z展開後のフォルダ構造

3) index.htmlの内容確認

index.htmlをテキストエディタで開きます（リスト3-19）。既存のHTMLに、コンポーネントの出力先のdivタグ、CDNからVueライブラリを読み込むscriptタグ、Vueコンポーネント定義を読み込むscriptタグを追加しています。

リスト3-19 index.html

```
<!DOCTYPE html>
<html lang="ja">
<head>
  <meta charset="UTF-8"/>
  <title>counter-vue-cdn</title>
  <!-- CSSファイルの読み込み-->
  <link rel="stylesheet" href="style.css">
</head>
<body>
<h3> ... 既存の HTML ... </h3>

<!--Vueコンポーネントの出力先-->
<div id="container" class="container-block">❶
  <button @click="increment">+1</button>❷
  カウント：{{ count }}❸
</div>

<h3> ... 既存の HTML ... </h3>

<!--CDNのURL-->
<script src="https://unpkg.com/vue@3.2.1"></script>❹

<!--コンポーネントの定義を読み込み-->
<script src="counter.js"></script>❺
</body>
</html>
```

❶ このdiv要素内にVueコンポーネントを出力します。style.cssファイルに定義したcontainer-blockクラス（黒枠、背景水色）をこのdiv要素に適用します。

❷イベントの処理を行うVueのテンプレート構文です。ボタンをクリックすると、incrementメソッドを呼び出します。
❸変数の値を文字列で出力するVueのテンプレート構文です。「{{式}}」の記述で、現在のcountの値を出力します。
❹Vueの実行に必要なライブラリをCDNから取得します。
❺コンポーネントを定義したJavaScriptファイルcounter.jsを読み込みます。

4) counter.jsの内容確認

counter.jsをテキストエディタで開きます（リスト3-20）。setup()関数でコンポーネントの初期化処理を定義しています（青い枠の部分）。

リスト3-20 counter.js

```
//コンポーネントの初期化処理
const settings={ ❶
  setup() {❷
    //カウンターの値を保持する状態変数countの定義
    const count = Vue.ref(1);❸
    //カウントを＋1するメソッド
    const increment=()=>{❹
      count.value++;
    }
    return {❺
      count,
      increment
    };
  },
}

//コンポーネントをHTM要素に関連づけ
Vue.createApp(settings).mount("#container");❻
```

❶初期化処理の定義をsettingsオブジェクトに代入します。
❷setup()で初期化処理を行います。
❸VueのAPIであるVue.ref(初期値)を利用して、カウンターの値を保持する状態変数countを定義します。

❹状態変数countの値に1を加算する関数incrementを定義しています。この関数はコンポーネントのメソッドとして扱われます。なお、Vue.jsでは、スクリプトで状態変数の値へアクセスするには、valueプロパティを経由する必要があります。例外として、テンプレートからは状態変数に直接アクセスできます。

❺setup()の戻り値として、状態変数countとメソッドincrementを返します。

❻コンポーネントにsettingsの初期化処理を行い、htmlファイルに記述した<div id="container">要素に関連づけます。

5) package.jsonの内容確認

package.jsonをテキストエディタで開きます（リスト3-21）。

リスト3-21 package.json

```
{
  "name": "counter-vue-cdn",
  "version": "1.0.0",
  "description": "",
  "main": "counter.js",
  "scripts": {
    "test": "echo ¥"Error: no test specified¥" && exit 1",
    "server": "npx http-server -c-1"❶
  },
  "keywords": [],
  "author": "",
  "license": "ISC"
}
```

❶「npm run server」コマンドで呼び出されるスクリプトです。実行すると、サンプルコードを動作させるためのWebサーバーが起動します。「-c-1」は、Webサーバーのキャッシュ機能を無効にするオプション指定です。

- http-serverの詳細　https://www.npmjs.com/package/http-server

6) Webサーバーの起動

以下のコマンドを入力します。

```
npm run server
```

Webサーバー起動のログが表示されます。

```
> counter-react-cdn@1.0.0 server
> npx http-server -c-1

Starting up http-server, serving ./
Available on:
  http://192.168.100.87:8080
  http://192.168.174.1:8080
  http://192.168.37.1:8080
  http://127.0.0.1:8080
Hit CTRL-C to stop the server
```

7)Webブラウザで、「http://127.0.0.1:8080」のURLを開きます。

8) 動作確認

カウンターを埋め込んだページが表示されます（図3-24）。枠で囲まれた水色の表示エリアがVue.jsで作成したコンポーネントです。「＋1」ボタンをクリックするごとに、カウントの表示が増加します。

ここまでで、CDNを利用してVueコンポーネントを作成し、そのコンポーネントを既存のWebページへ埋め込む手順が確認できました。

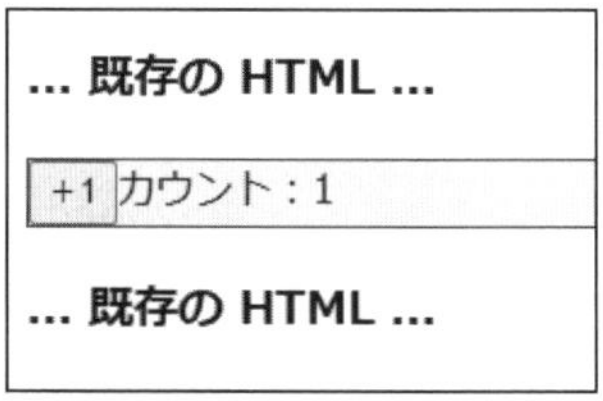

... 既存の HTML ...

+1 カウント：1

... 既存の HTML ...

図3-24 サンプルコードの実行

3-3-3 ツールチェーンを利用した開発（Vue.js）

1) 概要

Vue.jsのバージョン2では「Vue CLI」が推奨されていましたが、バージョン3からは「create-vue」が推奨されています。Vueの作者Evan You氏が開発したViteをベースにしています。

■Vite公式サイト

https://vitejs.dev/（図3-25）

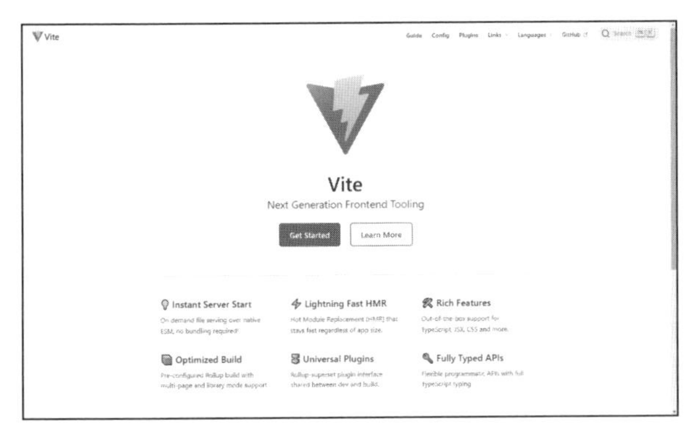

図3-25 Vite公式サイト

2) 推奨ツールチェーン

create-vueの詳細情報は以下のURLになります。

■create-vue GitHub

https://github.com/vuejs/create-vue（図3-26）

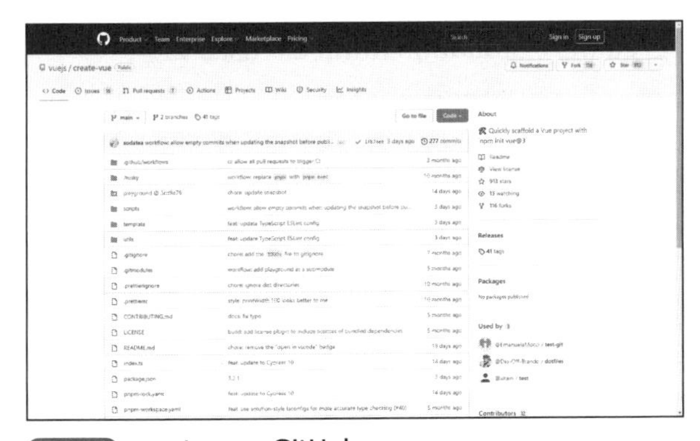

図3-26 create-vue GitHub

create-vueは以下の機能を提供しています。

- 新規プロジェクトの作成
- テスト用Webサーバー
- 開発用ビルド
- 本番用ビルド

また、新規プロジェクト作成時に、質問に答えることで、プロジェクトに以下の機能を追加できます。

- TypeScriptのサポート
- JSXのサポート
- ルーター機能（Vue Router）
- 状態管理機能（Pinia）
- ユニットテスト機能（Vitest）
- E2E テスト機能（Cypress）
- コードスタイルのチェック（ESLint）

なお、create-vueは、次項で操作体験をします。

3) その他のツールチェーン

公式サイトでは、Viteを直接利用する方法や、ゼロからツールチェーンを構築するヒントまで、さまざまな選択肢が紹介されています。

■公式サイトのツールチェーン紹介ページ

https://v3.ja.vuejs.org/guide/installation.html#cli（図3-27）

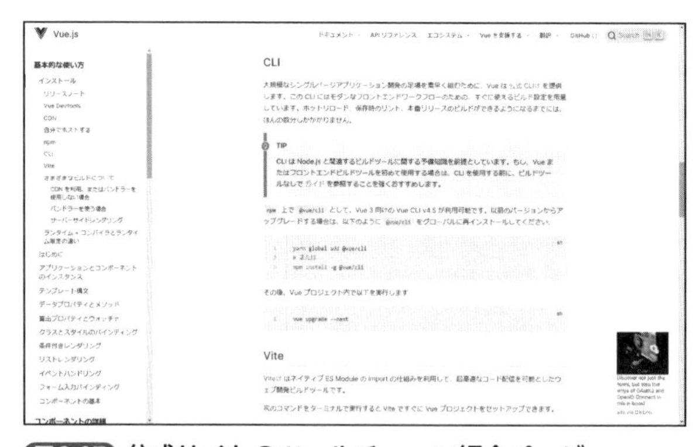

図3-27 公式サイトのツールチェーン紹介ページ

3-3-4 create-vueを体験

Vueの推奨ツールチェーン「create-vue」を用いて、新規プロジェクトの作成、ビルド、実行をしてみましょう。

1) 事前準備

■前提ソフトのインストール

create-vueを実行するには、Node.jsが必要です。コマンドプロンプトから「node -v」コマンドでNode.jsのバージョンを表示して、インストール状況を確認します。Node.jsが未インストールの場合は、公式サイトからLTS(長期サポート) 版をダウンロードして、インストールします。

■Node.js公式サイト

https://nodejs.org/ja/

2) 新規プロジェクトの作成

コマンドプロンプトから 以下のコマンドを入力し、新規プロジェクトの作成を開始します。ここで「@3」は、Vue.jsバージョン3のプロジェクト生成を表します。

```
npm init vue@3
```

起動メッセージとプロジェクト名についての質問が表示されます。

```
Vue.js - The Progressive JavaScript Framework

? Project name: » vue-project
```

質問に回答します。キーボードからプロジェクト名（ここではvue01とします）を入力後、Enterキーを押します。

```
? Project name: » vue01
```

入力したプロジェクト名の登録ログが表示されます。

```
√ Project name: ... vue01
```

これ以降、質問が繰り返し表示されます。そのままEnterキーを押してデフォルトのNoを選択します。

```
? Add TypeScript? » No / Yes

?Add JSX Support? » No / Yes

? Add Vue Router for Single Page Application development? » No
/ Yes

?Add Pinia for state management? » No / Yes

? Add Vitest for Unit Testing? » No / Yes

? Add Cypress for both Unit and End-to-End testing? » No / Yes

? Add ESLint for code quality? » No / Yes
```

なお、Yesを選択したいときは、右矢印キーでYesを選択してからEnterキーを押します。

MEMO VueのJSXサポート

create-vueの質問「Add JSX Support?」の意味は、「JSX構文で書かれたコードをVueのAPIに変換する機能を追加するか？」という意味です。この質問でYesを選択すると、package.jsonのdevdependencyとして、@vitejs/plugin-vue-jsxパッケージが追加されます（リスト3-22）。

リスト3-22 package.jsonに追加される@vitejs/plugin-vue-jsxパッケージ

```
{
  "name": "vue02",
  "version": "0.0.0",
  "scripts": {
    "dev": "vite",
    "build": "vite build",
    "preview": "vite preview --port 4173"
  },
```

```
  "dependencies": {
    "vue": "^3.2.36"
  },
  "devDependencies": {
    "@vitejs/plugin-vue": "^2.3.3",
    "@vitejs/plugin-vue-jsx": "^1.3.10",
    "vite": "^2.9.9"
  }
}
```

公式サイトによると、Vueではテンプレート構文が推奨で、オプションとしてJSX形式にも対応するという位置づけです。現状では、ReactのJSXとは完全互換ではなく、ReactのアプリをそのままVueで動かせるわけではありません。今後に期待したいところです。

■VueのJSXサポート

https://vuejs.org/guide/extras/render-function.html#jsx-tsx（図3-28）

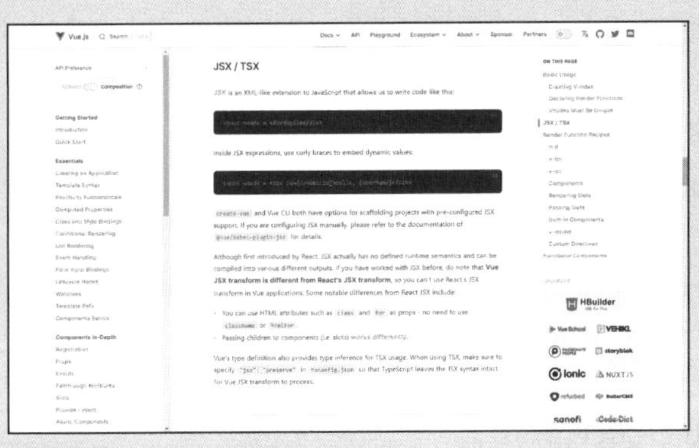

図3-28 VueのJSXサポート

プロジェクト作成のための設定が完了すると、リスト3-23のような応答が返ってきます。指示に従い3つのコマンド（Ⓐの部分）を順に入力します。

リスト3-23 プロジェクト作成のための設定完了時の応答

```
Scaffolding project in C:¥xxxx¥vue01...
```

```
Done. Now run:

  cd vue01
  npm install
  npm run dev
```

Ⓐ

3) 新規プロジェクトの作成

カレントディレクトリをvue01に移動します。

```
  cd vue01
```

以下のコマンドを入力し、依存パッケージのインストールを行います。

```
  npm install
```

しばらくするとインストールのログが表示されます（リスト3-24）。

リスト3-24 インストールのログ

```
added 32 packages, and audited 33 packages in 6s

4 packages are looking for funding
  run `npm fund` for details

found 0 vulnerabilities
```

4) 新規プロジェクトの実行

以下のコマンドを入力し、ソースコードのビルドとテスト用Webサーバーの起動を行います。

```
  npm run dev
```

しばらくするとテスト用Webサーバー起動のメッセージが表示されます（リスト3-25）。

リスト3-25 テスト用Webサーバー起動のメッセージ

```
  VITE v3.0.9  ready in 501 ms

  ➡  Local:   http://127.0.0.1:5173/
  ➡  Network: use --host to expose
```

▶Webブラウザで確認

Webブラウザで「http://127.0.0.1:5173/」のURLを開くと、テストページが表示されます（図3-29）。なお、テスト用WebサーバーのURLは変更されることがあります。Webサーバー起動時のログの表示に従ってください。

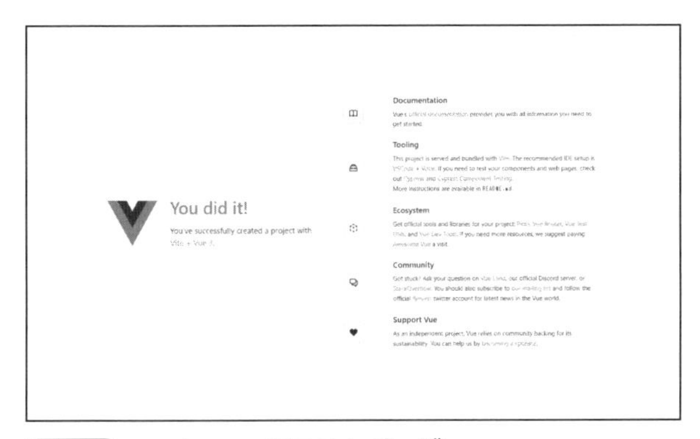

図3-29 create-vueのテストページ

ここまでで、新規プロジェクトの作成と実行が確認できました。コマンドプロンプト画面を閉じて、テスト用Webサーバーを停止します。

3-3-5 テストページのコード確認（Vue.js）

新規プロジェクトの生成手順は確認できました。続いて、コードを確認しましょう。

■フォルダ構造

vue01フォルダを開き、プロジェクトの内容を確認します。コメント付きのファイルが重要です。

```
│   index.html                  //index.htmlテンプレート
│   package-lock.json
│   package.json
│   README.md
│   vite.config.js
│
├──node_modules
│
├──public
│       favicon.ico
│
¥──src
    │   App.vue                 //ルートコンポーネントの定義(SFC形式)
    │   main.js                 //エントリーポイント
    │
    ---assets
    │       base.css
    │       logo.svg
    │       main.css
    │
    ¥──components
        │   HelloWorld.vue      //HelloWorldコンポーネント定義(SFC形式)
        │   TheWelcome.vue      //TheWelcomeコンポーネント定義(SFC形式)
        │   WelcomeItem.vue     //WelcomeItemコンポーネント定義(SFC形式)
        │
        ¥──icons
                IconCommunity.vue
                IconDocumentation.vue
                IconEcosystem.vue
                IconSupport.vue
                IconTooling.vue
```

図3-30 vue01フォルダの内容

図3-30のフォルダ構成の説明でコメントを付けた6個のファイルの関係は以下になります(図3-31)。ここでは、ルートコンポーネントが3種類のコンポーネントをインポートして1つの画面を構成しています。

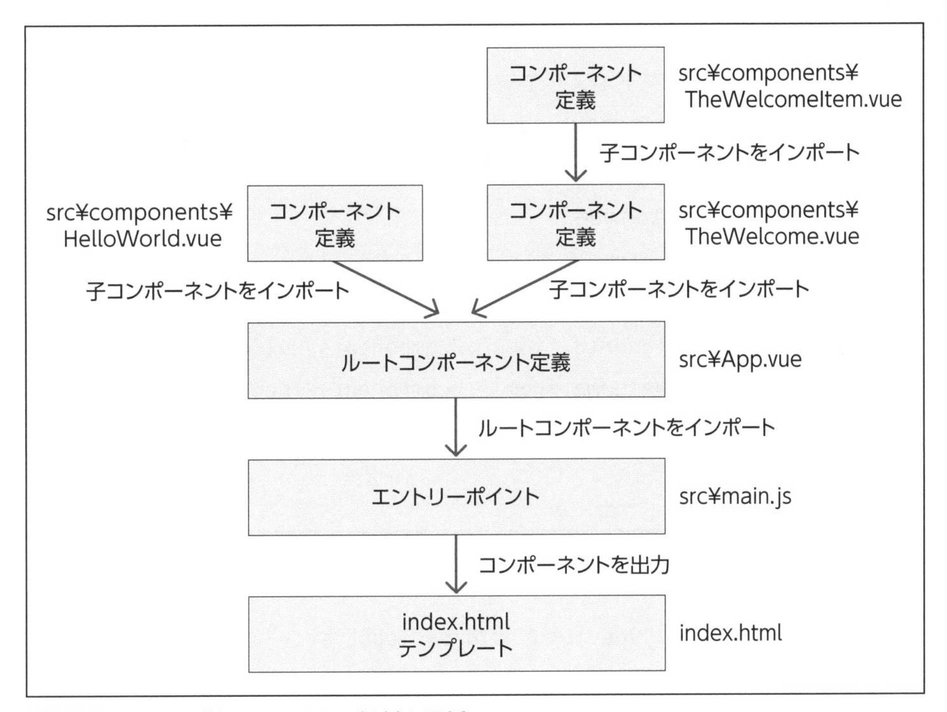

図3-31 **コメント付きファイルの役割と関係**

画面表示とコンポーネントの関係は図3-32のようになっています。TheWelcomコンポーネントの中には、表示内容が異なる5個のTheWelcomItemコンポーネントが含まれており、コンポーネントが部品としてうまく使われています。

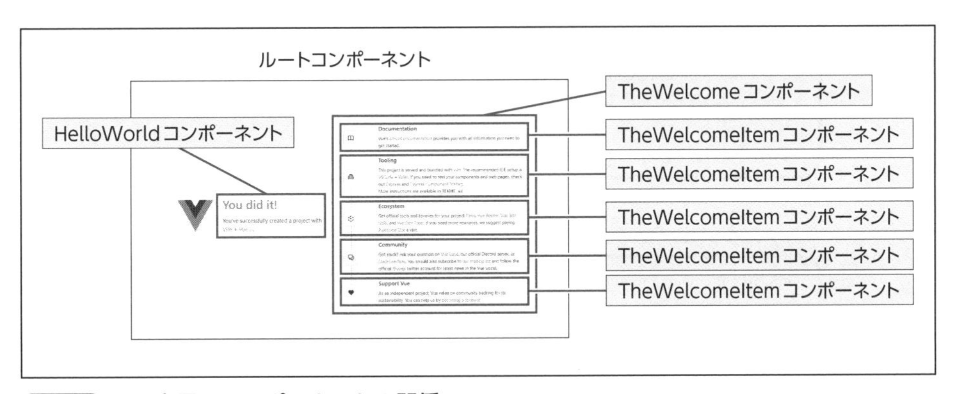

図3-32 **画面表示とコンポーネントの関係**

さらに、これらコメント付きファイルの内容を確認してみましょう。

■ルートコンポーネント定義の確認

src¥App.vueをテキストエディタで開きます（リスト3-26）。スクリプト、テンプレート、スタイルの定義を1つのファイルにまとめるSFC形式で記述されています。

リスト3-26 src¥App.vue

```
// スクリプトブロック
<script setup>
import HelloWorld from './components/HelloWorld.vue'❶
import TheWelcome from './components/TheWelcome.vue'❷
</script>

//テンプレートブロック
<template>
  <header>
  <img alt="Vue logo" class="logo" src="./assets/logo.svg"
  width="125" height="125" />

    <div class="wrapper">
      <HelloWorld msg="You did it!" />❸
    </div>
  </header>

  <main>
    <TheWelcome />❹
  </main>
</template>

//スタイルブロック
<style>
@import './assets/base.css';

#app {
  max-width: 1280px;
  margin: 0 auto;
  padding: 2rem;
```

```
  font-weight: normal;
}
（省略）
</style>
```

❶❷利用する子コンポーネント（HelloWorldとTheWelcome）をインポートしています。
❸HelloWorldコンポーネントを出力しています。
❹TheWelcomeコンポーネントを出力しています。

なお、HelloWorld.vue、TheWelcome.vue、TheWelcomeItem.vueは、説明を省略します。

■エントリーポイントの確認

src¥main.jsをテキストエディタで開きます（リスト3-27）。ルートコンポーネント定義をcreateAppでインスタンス化してHTMLに出力しています。

リスト3-27 src¥main.js

```
import { createApp } from 'vue' ❶
import App from './App.vue' ❷

createApp(App).mount('#app') ❸
```

❶vueライブラリからコンポーネントを生成するAPIであるcreateAppをインポートしています。
❷ルートコンポーネントの定義をインポートします。
❸ルートコンポーネントを生成して、index.htmlの<div id="app"></div>に出力します。

■index.htmlテンプレートの確認

index.htmlをテキストエディタで開きます（リスト3-28）。このファイルは、index.htmlのテンプレートです。最終的にWebブラウザにロードされるindex.htmlは、このファイルを元にツールチェーンで加工されたものになります。

リスト3-28 index.html

```
<!DOCTYPE html>
<html lang="en">
  <head>
    <meta charset="UTF-8" />
    <link rel="icon" href="/favicon.ico" />
    <meta name="viewport" content="width=device-width, initial-
scale=1.0" />
    <title>Vite App</title>
  </head>
  <body>
    <div id="app"></div>❶
    <script type="module" src="/src/main.js"></script>❷
  </body>
</html>
```

❶コンポーネントの出力先
❷エントリーポイントの読み込み

3-4 開発環境のまとめ

3-4-1 CDNを利用した開発のメリット(共通)

CDNによる開発には以下のメリットがあります。

- 開発環境の準備が簡単
- 従来のWeb作成手順と類似しているため馴染みやすい
- 既存のWebページに埋め込んで利用できる
- 新規で修得する知識が少なくて済む

そのため、以下のような用途で利用されています。

- 現行システムの改良をページ単位で段階的に進めるプロジェクト
- フレームワーク学習目的のためのテストアプリ開発

ReactとVueの公式サイトでも、学習目的の場合はCDNによる開発から開始することを推奨しています。

3-4-2 ツールチェーンを利用した開発のメリット（共通）

ツールチェーンによる開発には以下のメリットがあります。

- プロジェクト作成やビルドなど複雑な処理を自動化できる
- 多くのプロジェクトテンプレートから最適なものを選択出来る
- 設定ファイルをチューニングして最適な環境を準備出来る

そのため、本書の実装パターンの分類でいうと以下のような用途で採用されています。分類の詳細は「1-3　実装パターン」を参照してください。

- シンプルなSPA
- 複雑なSPA

3-4-3 開発環境のフレームワーク比較

1) CDNによる開発

AngularはCDN開発環境に対応していませんので、選択可能なフレームワークは、ReactとVue.jsになります。両者の違いは、UIの定義方法です。

- React：JavaScriptの中にHTMLを埋め込むJSX
- Vue.js：HTMLを拡張したテンプレート

そのため、以下の傾向があります。

- プログラミングが得意な人：React（JSX）を好む傾向
- デザインが得意な人　　　：Vue(テンプレート）を好む傾向

しかし、プログラミングが得意な人でも、JavaScriptにHTMLが埋め込まれるJSXの記述方法は、これまでの経験と異なるため、馴染めないという場合もあります。

2) ツールチェーンによる開発

フレームワークによってツールチェーンの選択肢が異なります。

- ReactとVue：フレームワークにツールチェーンが組みこまれていませんので、外部から最適なものを選択します。
- Angular：フレームワークにツールチェーン（Angular CLI）が組みこまれています。

ReactとVueに対応したツールチェーンは、魅力的な選択肢が多く公開されており、機能拡張や入れ替わりが特に激しい分野です。ある時点で最適なものを選択しても、時間の経過とともに、置き換えや設定の変更が必要になります。一方、Angularではツールチェーンが組み込まれていますので、これらの労力を最小化できます。フレームワーク選択の１つの要素になります。

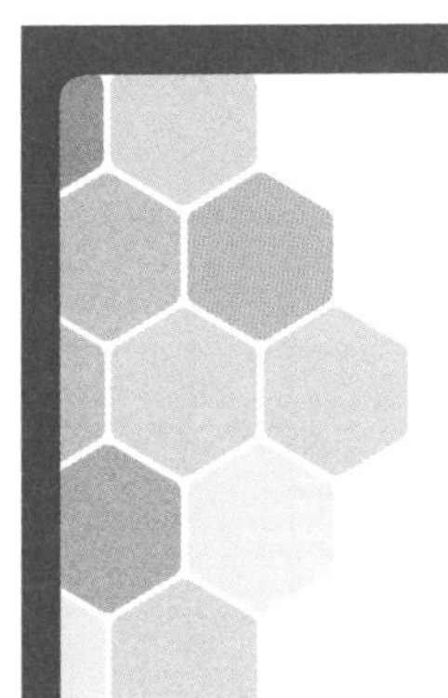

第4章 機能ごとのサンプルコード比較

4章では、9種類の基本機能を各フレームワーク用に実装して、比較します。同じ機能を実装するわけですから、React・Angular・Vue.jsの違いを具体的に把握できます。

なお、サンプルコードはコード量を最小限にして、詳細なコメントを付けています。機能ごとにコードを比べて、自分にとってどのフレームワークが使いやすいかの判断材料にしてください。

▶サンプルコードの概要

サンプルコードは、React・Angular・Vue.js用にそれぞれ別のフォルダで管理しています。実行すると1画面で9種類のサンプルコードが動作します（図4-1）。サンプルコードの機能は、表4-1を参照してください。

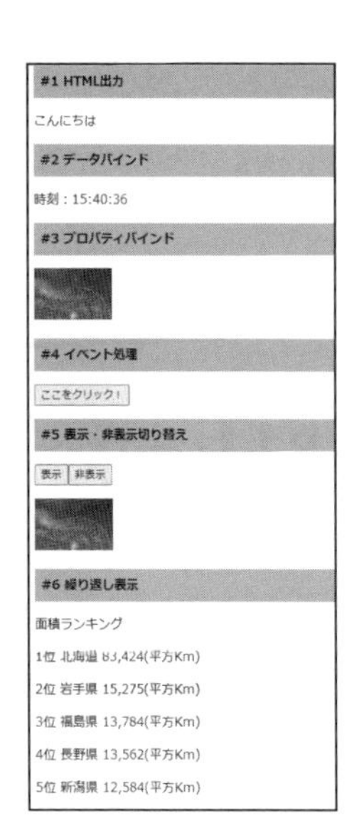

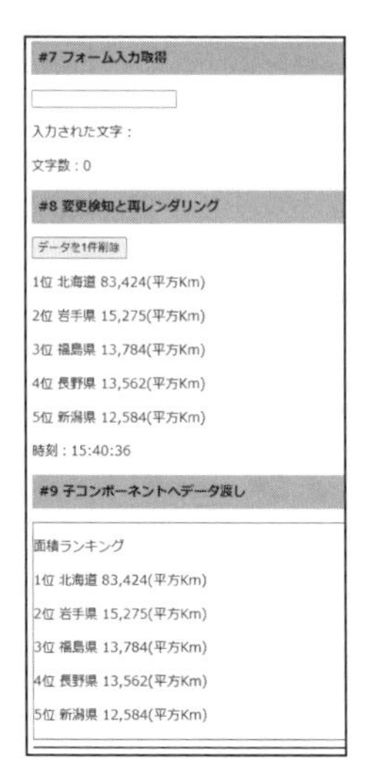

図4-1 サンプルコードの実行画面

※9種類のサンプルは縦につながっていますが、誌面の都合で左右に分割しています。

表4-1 サンプルコードの機能一覧

	タイトル	機能／動作
＃1	HTML出力	固定のHTMLを出力 「こんにちは」の文字を表示
＃2	データバインド	式の値を動的にHTML出力 現在時刻を表示
＃3	プロパティバインド	HTML要素のプロパティ値を式で設定して出力 画像を指定したプロパティ（ファイルパス、サイズ）で表示
＃4	イベント処理	ユーザー操作のイベント処理 ボタンのクリックでメッセージボックスがポップアップ
＃5	表示・非表示切り替え	条件式によるHTMLの出力ON/OFF ボタンのクリックで画像の表示／非表示の切り替え
＃6	繰り返し表示	配列等の繰り返しデータからHTML出力 オブジェクトの配列からリストを表示
＃7	フォーム入力取得	フォーム入力に対する双方向データバインド 入力の値で状態変数を更新、状態変数の変更で表示を更新
＃8	変更検知と再レンダリング	状態変数を変更したときのデータバインド 配列データから要素を削除するとリストの表示に即座に反映
＃9	子コンポーネントへ データ渡し	親から子コンポーネントへデータ渡し 子が表示に必要なデータを親から受け取り表示

4-1 準備

4-1-1 サンプルコードの取得

1) 前提ソフトのインストール

サンプルコードの実行には、Node.jsが必要です。コマンドプロンプトから「node -v」コマンドでNode.jsのバージョンを表示して、インストール状況を確認します。Node.jsが未インストールの場合は、公式サイトからLTS（長期サポート）版をダウンロードして、インストールします。

■Node.js公式サイト

https://nodejs.org/ja/

2) ダウンロードファイルの展開

本書サポートサイト（本書の初めににある「本書を読む前に」のページを参照）からダウンロードした「framework-sample_YYYYMMDD.7z」（YYYYMMDDはファイルの更新日）ファイルを7zipツールで展開します。

■7zipツール

https://sevenzip.osdn.jp/

4-1-2 サンプルコードの構造

展開後、フレームワークごとのフォルダが確認できます（図4-2）。

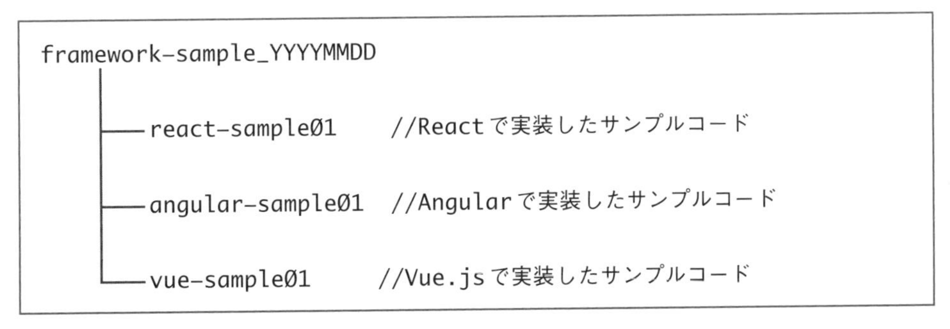

図4-2 7zipファイル展開後のフォルダ構造

4-1-2-1 サンプルコードの構造（React）

Reactのサンプルコードは、react-sample01フォルダに実装されています。このフォルダを開くと、ルートコンポーネント（src¥App.js）と、サンプル＃1～＃9用のコンポーネント（src¥Comp01.jsx～src¥Comp10.jsx）が定義されています（図4-3）。なお、サンプル＃9は、Comp09とComp10の2つのコンポーネントが連携して動作します。

```
│   package-lock.json
│   package.json
│
├──public
│       favicon.ico
│       index.html  //index.htmlテンプレート
│       wheel.jpg   //サンプルコードで利用する観覧車写真
│
¥──src
        App.js      //ルートコンポーネント
        Comp01.jsx  //サンプル＃1のコンポーネント
        Comp02.jsx  //サンプル＃2のコンポーネント
        Comp03.jsx  //サンプル＃3のコンポーネント
        Comp04.jsx  //サンプル＃4のコンポーネント
        Comp05.jsx  //サンプル＃5のコンポーネント
        Comp06.jsx  //サンプル＃6のコンポーネント
        Comp07.jsx  //サンプル＃7のコンポーネント
        Comp08.jsx  //サンプル＃8のコンポーネント
        Comp09.jsx  //サンプル＃9の親コンポーネント
        Comp10.jsx  //サンプル＃9の子コンポーネント
        index.css   //コンポーネント共通のスタイル
        index.js    //エントリーポイント
```

図4-3 react-sample01フォルダの構造

図4-3の主要ファイルの関係をまとめると、図4-4になります。

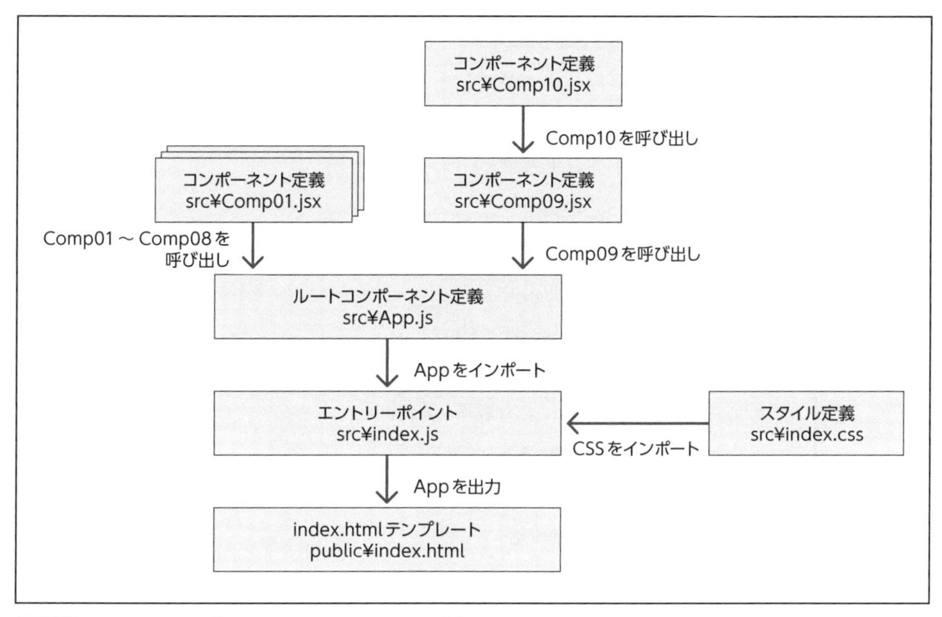

図4-4 Reactサンプルコードのファイル関係

続いて、最終的な出力内容を決定するルートコンポーネントのコードを確認してみましょう。ルートコンポーネントsrc¥App.jsをテキストエディタで開きます（リスト4-1）。JSX（リスト4-1の（A）ブロック）中にComp01～Comp09を出力する記述（青文字部分）を確認できます。この記述で9種類のサンプルコードを1画面にまとめています。なお、Comp01～Comp09の実装コードについては「4-2 サンプルコード比較」で解説します。

リスト4-1 ルートコンポーネントsrc¥App.jsのコード

```
import Comp01 from "./Comp01.jsx"
(省略)

function App() {
  return (
    <div>                                                    Ⓐ
      <h2>Reactサンプルコード</h2>
      <h3>#1 HTML出力</h3>
      <Comp01></Comp01>
      <h3>#2 データバインド</h3>
```

```
        <Comp02></Comp02>
        <h3>#3 プロパティバインド</h3>
        <Comp03></Comp03>
        <h3>#4 イベント処理</h3>
        <Comp04></Comp04>
        <h3>#5 表示・非表示切り替え</h3>
        <Comp05></Comp05>
        <h3>#6 繰り返し表示</h3>
        <Comp06></Comp06>
        <h3>#7 フォーム入力取得</h3>
        <Comp07></Comp07>
        <h3>#8 変更検知と再レンダリング</h3>
        <Comp08></Comp08>
        <h3>#9 子コンポーネントへデータ渡し</h3>
        <Comp09></Comp09>
        <hr/>
      </div>
    );
  }
  export default App;
```

Ⓐのブロックは、JSX記述

4-1-2-2 サンプルコードの構造(Angular)

Angularのサンプルコードは、angular-sample01フォルダに実装されています。このフォルダを開くと、ルートコンポーネント(src¥app¥app.component.html、src¥app¥app.component.ts)と、サンプル#1～#9用のコンポーネント(src¥app¥comp01フォルダ～src¥app¥comp10フォルダ)が定義されています(図4-5)。サンプル#9は、comp09とcomp10の2つのコンポーネントが連携して動作します。なお、拡張子が「ts」のファイルはTypeScriptのコードです。

また、Angularではコンポーネントごとにスタイル定義ファイルを実装可能ですが、今回はコンポーネント共通のスタイル定義(src¥styles.css)を使用しています。

```
|   angular.json
```

```
│  │
│  │   karma.conf.js
│  │   package-lock.json
│  │   package.json
│  │   tsconfig.app.json
│  │   tsconfig.json
│  │   tsconfig.spec.json
│  │
│  ¥──src
│       │   favicon.ico
│       │   index.html              //index.htmlテンプレート
│       │   main.ts                 //エントリーポイント
│       │   polyfills.ts
│       │   styles.css              //コンポーネント共通のスタイル
│       │   test.ts
│       │
│       ├──app
│       │   │   app.component.html //ルートコンポーネント(テンプレート)
│       │   │   app.component.ts   //ルートコンポーネント(クラス)
│       │   │   app.module.ts      //モジュール定義
│       │   │   list-obj.ts        //サンプルコードで利用するリストデータの型
│       │   │
│       │   ├──comp01              //サンプル#1のコンポーネント
│       │   │     comp01.component.html  //テンプレート
│       │   │     comp01.component.ts    //クラス
│       │   │
│       │   ├──comp02              //サンプル#2のコンポーネント
│       │   │     comp02.component.html  //テンプレート
│       │   │     comp02.component.ts    //クラス
│       │   │
│       │   ├──comp03              //サンプル#3のコンポーネント
│       │   │     comp03.component.html  //テンプレート
│       │   │     comp03.component.ts    //クラス
│       │   │
│       │   ├──comp04              //サンプル#4のコンポーネント
│       │   │     comp04.component.html  //テンプレート
│       │   │     comp04.component.ts    //クラス
│       │   │
│       │   ├──comp05              //サンプル#5のコンポーネント
│       │   │
```

```
      │     comp05.component.html  //テンプレート
      │     comp05.component.ts    //クラス
      │
      ├──comp06               //サンプル＃6のコンポーネント
      │     comp06.component.html  //テンプレート
      │     comp06.component.ts    //クラス
      │
      ├──comp07               //サンプル＃7のコンポーネント
      │     comp07.component.html  //テンプレート
      │     comp07.component.ts    //クラス
      │
      ├──comp08               //サンプル＃8のコンポーネント
      │     comp08.component.html  //テンプレート
      │     comp08.component.ts    //クラス
      │
      ├──comp09               //サンプル＃9の親コンポーネント
      │     comp09.component.html  //テンプレート
      │     comp09.component.ts    //クラス
      │
      ¥──comp10               //サンプル＃9の子コンポーネント
            comp10.component.html  //テンプレート
            comp10.component.ts    //クラス

├──assets
│     wheel.jpg            //サンプルコードで利用する観覧車写真
│
¥──environments
      environment.prod.ts
      environment.ts
```

図4-5 angular-sample01 フォルダ

図4-5の主要ファイルの関係をまとめると、図4-6になります。

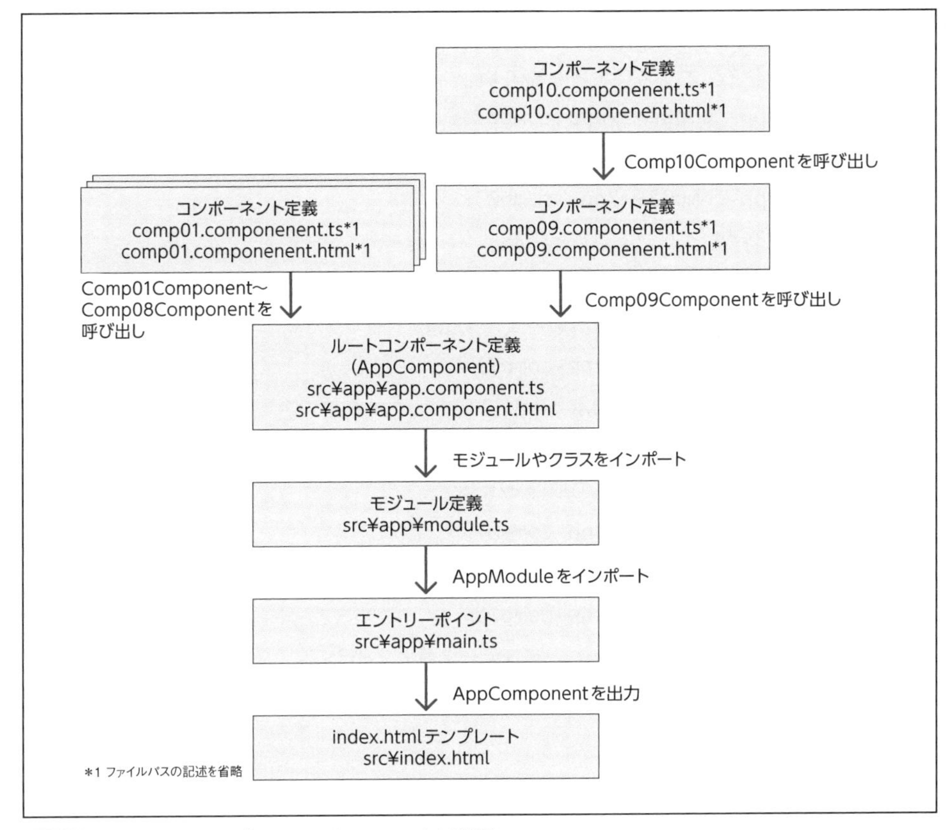

図4-6 Angularサンプルコードのファイル関係

続いて、最終的な出力内容を決定するルートコンポーネントのコードを確認してみましょう。ルートコンポーネントのテンプレートファイルsrc¥app¥app.component.htmlをテキストエディタで開きます（リスト4-2）。

テンプレート構文の中にComp01Component～Comp09Componentを出力する記述（青文字部分）を確認できます。Angularではコンポーネントの呼び出しタグに、クラス名ではなく@Componentデコレーターのselectorプロパティで指定した値が使用されます。この記述で9種類のサンプルコードを1画面にまとめています。なお、Comp01Component～Comp09Componentの実装コードについては「4-2 サンプルコード比較」で解説します。

リスト4-2 ルートコンポーネントのテンプレートapp.component.htmlのコード

```
<h2>Angularサンプルコード</h2>
<h3>#1 HTML出力</h3>
```

```
<app-comp01></app-comp01>
<h3>#2 データバインド</h3>
<app-comp02></app-comp02>
<h3>#3 プロパティバインド</h3>
<app-comp03></app-comp03>
<h3>#4 イベント処理</h3>
<app-comp04></app-comp04>
<h3>#5 表示・非表示切り替え</h3>
<app-comp05></app-comp05>
<h3>#6 繰り返し表示</h3>
<app-comp06></app-comp06>
<h3>#7 フォーム入力取得</h3>
<app-comp07></app-comp07>
<h3>#8 変更検知と再レンダリング</h3>
<app-comp08></app-comp08>
<h3>#9 子コンポーネントへデータ渡し</h3>
<app-comp09></app-comp09>
<hr>
```

4-1-2-3 サンプルコードの構造（Vue.js）

Vue.jsのサンプルコードは、vue-sample01フォルダに実装されています。このフォルダを開くと、ルートコンポーネント（src¥App.vue）と、サンプル＃1～＃9用のコンポーネント（src¥components¥Comp01.vue～src¥components¥Comp10.vue）が定義されています（図4-7）。なお、サンプル＃9は、Comp09とComp10は2つのコンポーネントが連携して動作します。

また、Vue.jsではコンポーネントごとにスタイル定義が可能ですが、今回はルートコンポーネントに共通のスタイル定義をしています。

```
│   index.html                    //index.htmlテンプレート
│   package-lock.json
│   package.json
│   vite.config.js
│
├──public
│       favicon.ico
│
```

```
│       wheel.jpg                   //サンプルコードで利用する観覧車写真
│
¥──src
    │   App.vue                     //ルートコンポーネント
    │   main.js                     //エントリーポイント
    │
    ¥──components
            CompØ1.vue          //サンプル#1のコンポーネント
            CompØ2.vue          //サンプル#2のコンポーネント
            CompØ3.vue          //サンプル#3のコンポーネント
            CompØ4.vue          //サンプル#4のコンポーネント
            CompØ5.vue          //サンプル#5のコンポーネント
            CompØ6.vue          //サンプル#6のコンポーネント
            CompØ7.vue          //サンプル#7のコンポーネント
            CompØ8.vue          //サンプル#8のコンポーネント
            CompØ9.vue          //サンプル#9の親コンポーネント
            Comp1Ø.vue          //サンプル#9の子コンポーネント
```

図4-7 vue-sample01 フォルダ

図4-7の主要ファイルの関係をまとめると、図4-8になります。

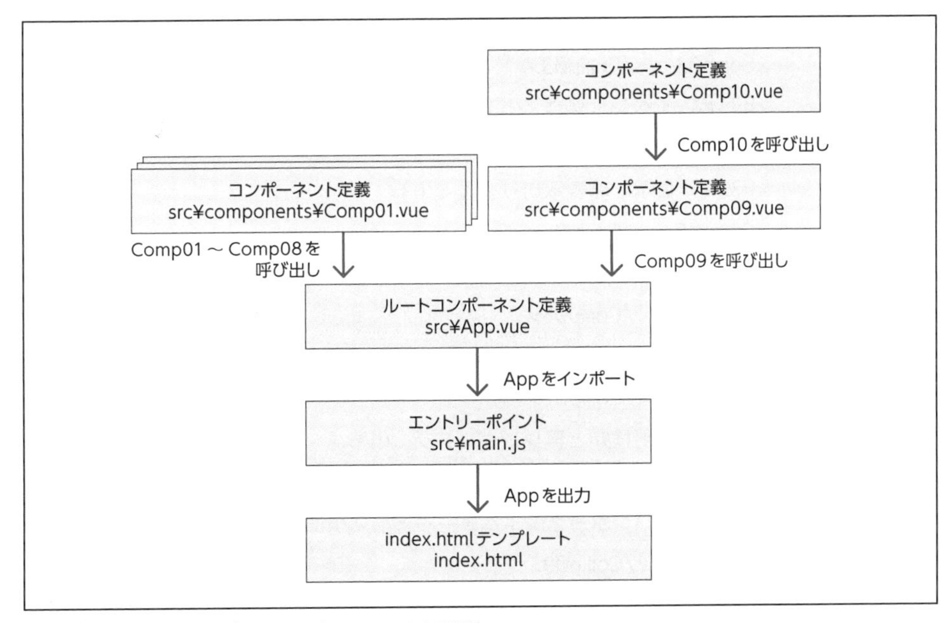

図4-8 Vue.jsサンプルコードのファイル関係

続いて、最終的な出力内容を決定するルートコンポーネントのコードを確認してみましょう。ルートコンポーネントのテンプレートファイルsrc¥App.jsをテキストエディタで開きます（リスト4-3）。

テンプレート（Ⓑのブロック）にComp01～Comp09を出力する記述（青文字部分）を確認できます。この記述で9種類のサンプルコードを1画面にまとめています。なお、Comp01～Comp09の実装コードについては「4-2 サンプルコード比較」で解説します。

リスト4-3 ルートコンポーネントApp.jsのコード

```
<script setup>                                                   Ⓐ
import Comp01 from './components/Comp01.vue'
(省略)
</script>
```

```
<template>                                                       Ⓑ
  <h2>Vue.jsサンプルコード</h2>
  <h3>#1 HTML出力</h3>
  <Comp01 ></Comp01>
  <h3>#2 データバインド</h3>
  <Comp02 ></Comp02>
  <h3>#3 プロパティバインド</h3>
  <Comp03 ></Comp03>
  <h3>#4 イベント処理</h3>
  <Comp04 ></Comp04>
  <h3>#5 表示・非表示切り替え</h3>
  <Comp05 ></Comp05>
  <h3>#6 繰り返し表示</h3>
  <Comp06 ></Comp06>
  <h3>#7 フォーム入力取得</h3>
  <Comp07 ></Comp07>
  <h3>#8 変更検知と再レンダリング</h3>
  <Comp08 ></Comp08>
  <h3>#9 子コンポーネントへデータ渡し</h3>
  <Comp09 ></Comp09>
  <hr>
```

```
</template>
```

```
<style>
h2{
  color:black;
  font-size: 1.5rem;
  padding:0.5rem 0.5rem 0 0.5rem;
  margin: 0;
}
(省略)
</style>
```
Ⓒ

Ⓐのブロックはスクリプト
Ⓑのブロックはテンプレート
Ⓒのブロックはスタイル

4-1-3　サンプルコードの動作確認

各フレームワークのサンプルコードの実行手順を説明します。同じ機能を実装していますので、画面先頭のタイトル部分が「Reactサンプルコード」、「Angularサンプルコード」、「Vue.jsサンプルコード」と異なるだけで、その他の表示や動作は同一です。機能ごとのサンプルコードの解説は「4.2　サンプルコード比較」で行います。

4-1-3-1　サンプルコードの実行 (React)

- コマンドプロンプトを開き、カレントディレクトリを以下に移動します。
  framework-sample_YYYYMMDD¥react-sample01¥
- コマンドプロンプトへ、以下のコマンドを入力します。
  npm run react-sample
- しばらくすると、ブラウザが起動し、サンプルコードの実行画面が表示されます（図4-9）。

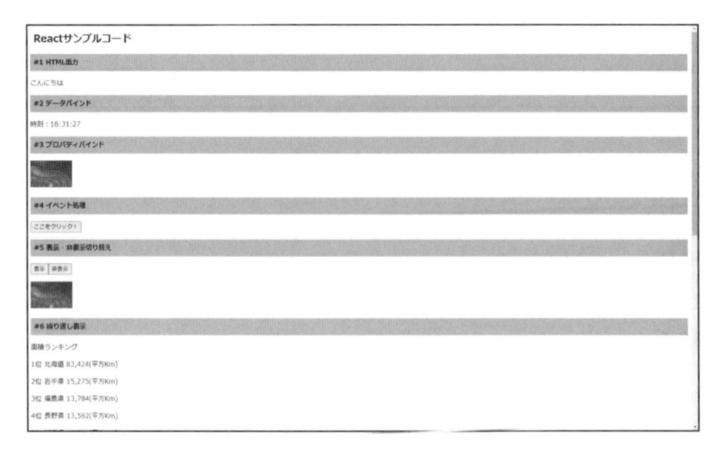

図4-9 Reactサンプルコード実行画面

- コマンドプロンプトを閉じて、サンプルコードを終了します。

4-1-3-2 サンプルコードの実行（Angular）

- コマンドプロンプトを開き、カレントディレクトリを以下に移動します。
  framework-sample_YYYYMMDD¥angular-sample01¥
- コマンドプロンプトへ、以下のコマンドを入力します。
  npm run angular-sample
- しばらくすると、ブラウザが起動し、サンプルコードの実行画面が表示されます（図4-10）。

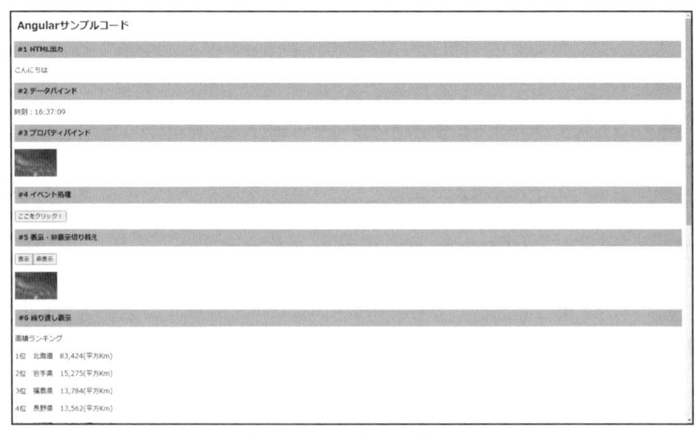

図4-10 Angularサンプルコード実行画面

- コマンドプロンプトを閉じて、サンプルコードを終了します。

4-1-3-3 サンプルコードの実行(Vue.js)

- コマンドプロンプトを開き、カレントディレクトリを以下に移動します。

  framework-sample_YYYYMMDD¥vue-sample01¥

- コマンドプロンプトへ、以下のコマンドを入力します。

  npm run vue-sample

- しばらくすると、ブラウザが起動し、サンプルコードの実行画面が表示されます(図4-11)。

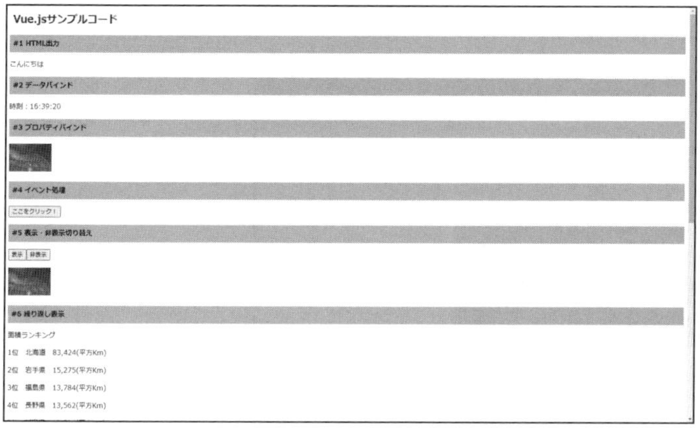

図4-11 Vueサンプルコード実行画面

- コマンドプロンプトを閉じて、サンプルコードを終了します。

4-1-4 複数の記述方法

次節の「4.2.サンプルコード比較」を読む前に、知っておくべきことがあります。同等の機能なのに、インターネットなどで公開されているコードと、本章のサンプルコードの記述が、大きく異なることがあります。これは、一部のフレームワークにおいて、従来の記述方法を許容しながら、新たな記述方法を追加しているためです。つまり、複数の記述方法が利用可能ということです。通常、新しい記述方法の方が、使い勝手が良い(コード量が少ない、再利用しやすいなど)ので、本章のサンプルコードでは、複数の記述方法が選択可能な場合、より新しいものを採用しています。

4-1-4-1 複数の記述方法 (React)

▶状態を保持するコンポーネントの定義の選択肢

①関数コンポーネントとフックを利用
(本章サンプルコードで採用、React 16.8以降で利用可能)

②Componentクラスを継承したクラスを利用

■フックに関する詳細情報

https://ja.reactjs.org/docs/hooks-intro.html (図4-12)

図4-12 React 16.8で導入されたフックの説明ページ

4-1-4-2 複数の記述方法 (Angular)

バージョンアップに伴う記述方法の一部変更はありますが、記述方法は統一されており、複数の選択肢はありません。

4-1-4-3 複数の記述方法 (Vue.js)

▶基本APIの選択肢

①CompositionAPI
(本章サンプルコードで採用、Vue.js 3.0以降で利用可能)

②OptionAPI

■CompositionAPIに関する詳細情報

https://v3.ja.vuejs.org/guide/composition-api-introduction.html (図4-13)

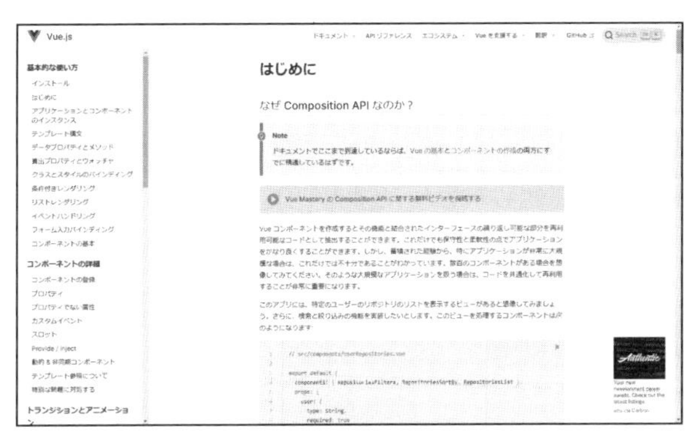

図4-13 CompositionAPIの説明ページ

▶SFC(Single File Component) でのスクリプト記述の選択肢

①<script setup>を使用
（本章サンプルコードで採用、Vue.js 3.2以降で利用可能）

②<script setup>を使用しない

■SFCに関する詳細情報

https://v3.ja.vuejs.org/api/sfc-script-setup.html#sfc-script-setup（図4-14）

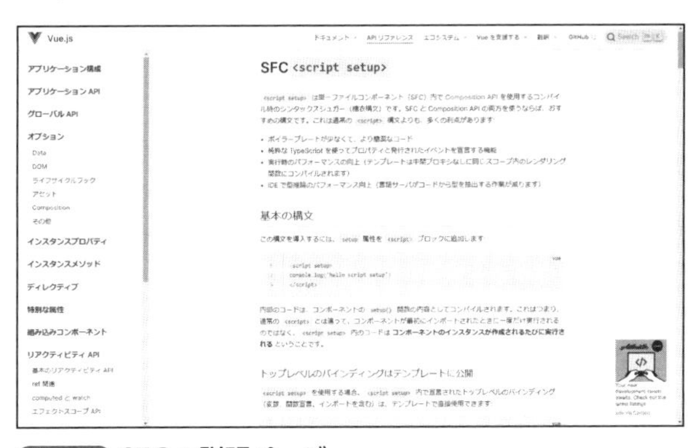

図4-14 SFCの説明ページ

4-2 サンプルコード比較

ここでは、9種類の機能を実装したサンプルコードを順に確認します。アプリ全体の構成は「4-1-2 サンプルコードの構造」を参照してください。

4-2-1 HTML出力(サンプル#1)

固定のHTMLを出力します。「こんにちは」の文字を表示します。固定出力なので、ページをリロードしても表示が変化しません(図4-15)。

#1 HTML出力
こんにちは

図4-15 サンプル#1の表示例

4-2-1-1 Reactのコード

リスト4-4 src¥Comp01.jsx

```
function Comp01() { ❶
  return (
    <p>こんにちは</p>❷   Ⓐ
  );
}
export default Comp01;❸
```

❶関数コンポーネント Comp01を定義します。

❷関数Copm01の戻り値をJSX形式で返します。

❸関数Comp01を外部から利用するためにエクスポートします。

Ⓐのブロック:JSXで記述されたコード

4-2-1-2 Angularのコード

リスト4-5 src¥app¥comp01¥comp01.component.ts(クラス定義)

```
import {Component} from "@angular/core";❶
@Component({                                    Ⓐ
  selector: "app-comp01",❷
  templateUrl: "./comp01.component.html"❸
})
export class Comp01Component {❹
}
```

❶ Componentデコレーターをインポートします。
❷ 出力先のHTML要素を指定するセレクター（CSSセレクター構文）です。ここでは<app-comp01></app-comp01>を出力先に指定しています。
❸ テンプレートファイルの指定（相対パス）です。
❹ Comp01Componentクラスを外部から利用するためにエクスポートします。
Ⓐのブロック：ComponentデコレーターによるComp01Componentクラスへの注釈

リスト4-6 src¥app¥comp01¥comp01.component.html（テンプレート）

```
<p>こんにちは</p>
```

4-2-1-3 Vue.jsのコード

リスト4-7 src¥components¥Comp01.vue

```
<script setup>                                    Ⓐ
</script>

<template>                                        Ⓑ
  <p>こんにちは</p>
</template>
```

Ⓐのブロック：SFCのスクリプト（何も記述しない場合は省略可能）
Ⓑのブロック：SFCのテンプレート

4-2-1-4 各コードの解説

● コンポーネントの定義方法

Reactは、JSXを返す関数を定義します。

Angularは、コンポーネントクラスとテンプレートを別ファイルで定義します。

Vue.jsは1つのファイル内をスクリプトとテンプレートブロックに分けて定義するSFC形式で行います。

このように、フレームワークごとに全く異なります。

● Reactコードの特徴

JavaScriptのコードだけでロジックもHTML出力も実装します。したがって、ロジックとHTMLの相互連携のすりあわせが容易になり、独自のテンプレート構文の学習も不要です。一方で、JavaScriptのプログラミングのスキルが必須となります。また、JavaScriptのコードにHTML構文を埋め込むJSXの書き方に慣れる必要があります。HTMLとJavaScriptのコードが混在していますので、1つのコンポーネントを複数人で分担して実装することは困難です。

Angularコードの特徴

ロジックとHTML出力を別ファイルで実装します。ロジックはTypeScriptによるクラスの実装、HTML出力は独自のテンプレート構文を利用します。この手法は、JavaやPHPなどのWeb開発の延長線上にありますので、Web開発の経験者であればスムーズに理解できます。また、ロジックとHTML出力定義のファイルが分離していますので、1つのコンポーネントを複数人で分担して実装できます。

Vue.jsコードの特徴

Vue.jsは1つのファイル内をスクリプトとテンプレートのブロックに分けて定義するSFC形式で行います。スクリプトによる宣言や定義が最小限の記述で済み、独自のテンプレート構文も持っていますので、コードが単純で短く済みます。また、SFCの各ブロックを外部ファイルで定義することも可能ですので、1つのコンポーネントを複数人で分担して実装できます。

MEMO JSXには使えないHTML構文がある

JSXは、HTMLの構文とそっくりなので、HTMLを記述した文字列と勘違いしがちです。しかし、実際はJavaScriptの拡張構文として解釈され、forやifなどの構文と同等に扱われます。したがって、HTMLでCSSクラス名を指定するclass属性は、JavaScript（ECMAScript2015）のclass構文と解釈され、文法エラーになります。JSXにおいてCSSクラス名の指定には、リスト4-8の書き換えが必要です。なお、label要素のfor属性など、書き替えが必要ものはclass属性だけではありません。ビルド時のエラーメッセージを確認して、修正します。

リスト4-8 JSXにおけるCSSクラス名の指定

HTML記述例

```
<p class="middle-text">こんにちは</p>
```

```
JSX記述例
    <p className="middle-text">こんにちは</p>
```

4-2-2 データバインド（サンプル＃2）

データバインドは、式の値をHTML出力に挿入する機能です。動的な表示にかかせません。サンプルコードは現在時刻を出力します（図4-16）。ページをリロードするたびに、表示時刻が更新されます。

#2 データバインド
時刻：0:57:10

図4-16 サンプル＃2の表示例

4-2-2-1 Reactのコード

リスト4-9 src¥Comp02.jsx

```
function Comp02() { ❶
  return (
    <p>時刻：{new Date().toLocaleTimeString()}</p>❷    Ⓐ
  );
}
export default Comp02;❸
```

❶関数コンポーネント Comp02を定義します。

❷関数Copm02の戻り値をJSX形式で返します。Reactでは、「{式}」の書式でデータバインドを行います。式は任意のJavaScriptコードを記述できます。ここでは現在時刻を出力します。

❸関数Comp02を外部から利用するためにエクスポートします。

Ⓐのブロック：JSXで記述されたコードブロック

4-2-2-2 Angularのコード

リスト4-10 src¥app¥comp02¥comp02.component.ts（クラス定義）

```
import {Component} from "@angular/core";❶

@Component({                                          Ⓐ
  selector: "app-comp02",❷
  templateUrl: "./comp02.component.html"❸
})
export class Comp02Component {❹
  timeStr = new Date().toLocaleTimeString();❺
}
```

❶Componentデコレーターをインポートします。

❷出力先のHTML要素を指定するセレクター（CSSセレクター構文）です。ここでは<app-comp02></app-comp02>を出力先に指定しています。

❸テンプレートファイルの指定（相対パス）です。

❹Comp02Componentクラスを外部から利用するためにエクスポートします。

❺Comp02Componentクラスに、現在時刻の値をもつtimeStrプロパティを追加します。

Ⓐのブロック：Componentデコレーターによる Comp02Componentクラスへの注釈

リスト4-11 src¥app¥comp02¥comp02.component.html（テンプレート）

```
<p>時刻：{{timeStr}}</p>❶
```

❶Angularのテンプレート構文では、「{{式}}」の書式でデータバインドを行います。ここではtimeStrの値（現在時刻）を出力します。式は、コンポーネントクラスのプロパティまたはメソッドを利用できます。

4-2-2-3 Vue.jsのコード

リスト4-12 src¥components¥Comp02.vue

```
<script setup>                                         Ⓐ
const timeStr = new Date().toLocaleTimeString();❶
```

```
</script>
```

```
<template>                                   Ⓑ
  <p>時刻：{{timeStr}}</p>❷
</template>
```

❶現在時刻の値を持つtimeStr変数を追加します。

❷Vue.jsのテンプレート構文では、「{{式}}」の書式でデータバインドを行います。ここでは変数timeStrの値（現在時刻）を出力します。

Ⓐのブロック：SFCのスクリプト

Ⓑのブロック：SFCのテンプレート

4-2-2-4 コードの解説

各フレームワークは、式の値を文字列として動的に出力するデータバインド機能を持っています。その方法と対象の式は以下になります。

● データバインドの方法

Reactは{式}、AngularとVue.jsは{{式}}と記述します。

● データバインド対象の式

Reactは、JSX形式なのでJavaScriptのスコープ内の変数や関数を、呼び出せます。

Angularは、コンポーネントクラスのプロパティやメソッドを、呼び出せます。

Vueは、スクリプトブロックの変数や関数を、呼び出せます。

4-2-3 プロパティバインド（サンプル＃3）

プロパティバインドは、HTML要素のプロパティ値を式で設定する機能です。動的な表示にかかせません。ここでは、画像ファイルパス、表示サイズなどのプロパティを式で設定し、観覧車の画像を出力します（図4-17）。

図4-17 サンプル＃3の表示例

4-2-3-1 Reactのコード

リスト4-13 src¥Comp03.jsx

```
function Comp03() {❶
  const photo = { ❷
    src: "./wheel.jpg",
    alt: "観覧車",
    width: "100"
  };
  return (
    <img src={photo.src} alt={photo.alt} width={photo.width}
    />❸                                                        Ⓐ
  );
}
export default Comp03; ❹
```

❶関数コンポーネント Comp03を定義します。

❷img要素のプロパティ値を設定するオブジェクトphotoを定義します。

❸関数Copm03の戻り値として、img要素のsrc,alt,widthのプロパティに値を設定してJSX形式で返します。

❹関数Comp03を外部から利用するためにエクスポートします。

Ⓐのブロック：JSXで記述されたコードブロック

4-2-3-2 Angularのコード

リスト4-14 src¥app¥comp03¥comp03.component.ts（クラス定義）

```
import {Component} from "@angular/core";❶
@Component({                                                   Ⓐ
  selector: "app-comp03",❷
  templateUrl: "./comp03.component.html"❸
})
export class Comp03Component {❹
  photo = {❺
    src: "assets/wheel.jpg",
    alt: "観覧車",
    width: "100"
```

```
  };
}
```

❶Componentデコレーターをインポートします。
❷出力先のHTML要素を指定するセレクター（CSSセレクター構文）です。ここでは<app-comp03></app-comp03>を出力先に指定しています。
❸テンプレートファイルの指定（相対パス）です。
❹Comp03Componentクラスを外部から利用するためにエクスポートします。
❺img要素のプロパティ値を設定するオブジェクトphotoを定義します。
Ⓐのブロック：Componentデコレーターによる Comp03Componentクラスへの注釈

リスト4-15 src¥app¥comp03¥comp03.component.html（テンプレート）

```
<img [src]="photo.src" [alt]="photo.alt" [width]="photo.width"
>❶
```

❶AngularでHTML要素のプロパティ値を設定するには、テンプレート構文「[プロパティ名]="式"」を使用します。「プロパティ名={{式}}」のようにデータバインドによる記述も可能です。

4-2-3-3 Vue.jsのコード

リスト4-16 src¥components¥Comp03.vue

```
<script setup>                                          Ⓐ
const photo = {❶
  src: "wheel.jpg",
  alt: "観覧車",
  width: "100"
};
</script>
```

```
<template>                                              Ⓑ
  <img v-bind:src="photo.src" v-bind:alt="photo.alt"
  v-bind:width="photo.width" />❷
</template>
```

❶ img要素のプロパティ値を設定するオブジェクトphotoを定義します。

❷ Vue.jsでHTML要素のプロパティ値を設定するには、独自のテンプレート構文「v-bind:プロパティ名="式"」を使用します。以下の略記が可能です。
:プロパティ名="式"

Ⓐのブロック：SFCのスクリプト

Ⓑのブロック：SFCのテンプレート

MEMO Vue.jsのプロパティバインドの制約

Vue.jsは、HTMLタグ内部でデータバインド記述{{式}}を使用できません。したがって、プロパティ値の設定に「プロパティ名={{式}}」を利用できません。

4-2-3-4　コードの解説

● プロパティバインドの方法

Reactは JSX形式なので、プロパティバインドのための独自のテンプレート構文はありません。以下のように、プロパティの値をデータバインドで設定します。

```
プロパティ名={式}
```

Angularは、プロパティ設定のために以下の独自のテンプレート構文を使用します。また、「プロパティ名={{式}}」のようにデータバインドによるプロパティの値設定も可能です。

```
[プロパティ名]="式"
```

Vue.jsは、プロパティ設定のために以下の独自のテンプレート構文を使用します。データバインドによる設定はできません。

```
v-bind:プロパティ名="式"
```

4-2-4　イベント処理（サンプル＃4）

ユーザーのマウスやキーボード操作を、検知するためのイベント処理を実装します。このサンプルでは、「ここをクリック！」とラベルの付いたボタンを表示します（図

4-18)。ボタンをクリックすると、メッセージボックスがポップアップします（図4-19)。

図4-18 サンプル＃４の表示例

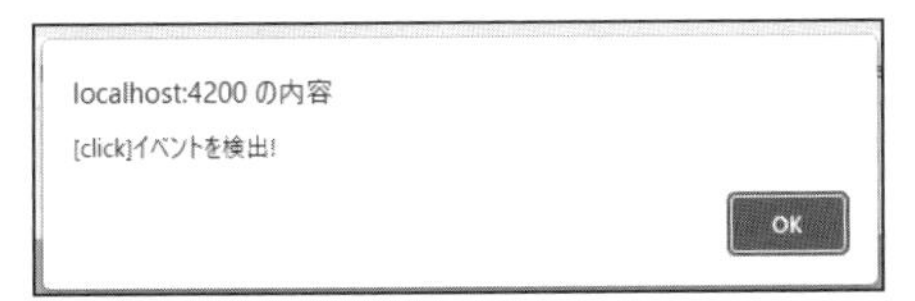

図4-19 ボタンをクリックしたときのポップアップ

4-2-4-1 Reactのコード

リスト4-17 src¥Comp04.jsx

```
function Comp04() {❶
  const clickHandler = ($event) => {❷
    alert("[" + $event.type + "]イベントを検出！");
  };
  return (
    <button onClick={clickHandler}>ここをクリック！</button>❸ Ⓐ
  );
}
export default Comp04; ❹
```

❶関数コンポーネント Comp04を定義します。

❷イベントを処理する関数（イベントハンドラー）clickHandlerを定義します。

❸関数Copm04の戻り値を、button要素のonClickプロパティにイベントを処理する関数を設定後、JSX形式で返します。Reactはイベント名をキャメルケースで記述します。

❹関数Comp04を外部から利用するためにエクスポートします。

Ⓐのブロック：JSXで記述されたコードブロック

4-2-4-2 Angularのコード

リスト4-18 src¥app¥comp04¥comp04.component.ts（クラス定義）

```
import {Component} from "@angular/core";❶
@Component({
  selector: "app-comp04",❷
  templateUrl: "./comp04.component.html"❸
})
export class Comp04Component {❹
  clickHandler($event: MouseEvent) {❺
    alert("[" + $event.type + "]イベントを検出！");
  }
}
```

❶Componentデコレーターをインポートします。

❷出力先のHTML要素を指定するセレクター（CSSセレクター構文）です。ここでは<app-comp04></app-comp04>を出力先に指定しています。

❸テンプレートファイルの指定（相対パス）です。

❹Comp04Componentクラスを外部から利用するためにエクスポートします。

❺イベントを処理するメソッド（イベントハンドラー）としてclickHandlerを定義します。

Ⓐのブロック：Componentデコレーターによる Comp04Componentクラスへの注釈

リスト4-19 src¥app¥comp04¥comp04.component.html（テンプレート）

```
<button (click)="clickHandler($event)">ここをクリック！</button>❶
```

❶Angularでイベントハンドラーを登録するには、テンプレート構文「(イベント名)="メソッド（引数)"」を使用します。

4-2-4-3 Vue.jsのコード

リスト4-20 src¥components¥Comp04.vue

```
<script setup>
const clickHandler = ($event) =>❶
```

```
  alert("[" + $event.type + "]イベントを検出!");
</script>
```

```
<template>                                                         Ⓑ
  <button v-on:click="clickHandler">ここをクリック!</button>❷
</template>
```

❶イベントを処理する関数（イベントハンドラー）、clickHandlerを定義します。

❷Vue.jsでHTML要素にイベントハンドラーを登録するには、テンプレート構文「v-on:イベント名="イベントハンドラー"」または「@イベント名="イベントイベントハンドラー"」を使用します。

Ⓐのブロック：SFCのスクリプト

Ⓑのブロック：SFCのテンプレート

4-2-4-4　コードの解説

フレームワークごとのイベントハンドラーの詳細については、「[Memo] フレームワークごとのイベント処理」を参照してください。

MEMO　フレームワークごとのイベント処理

■Reactのイベント処理

https://ja.reactjs.org/docs/handling-events.html（図4-20）

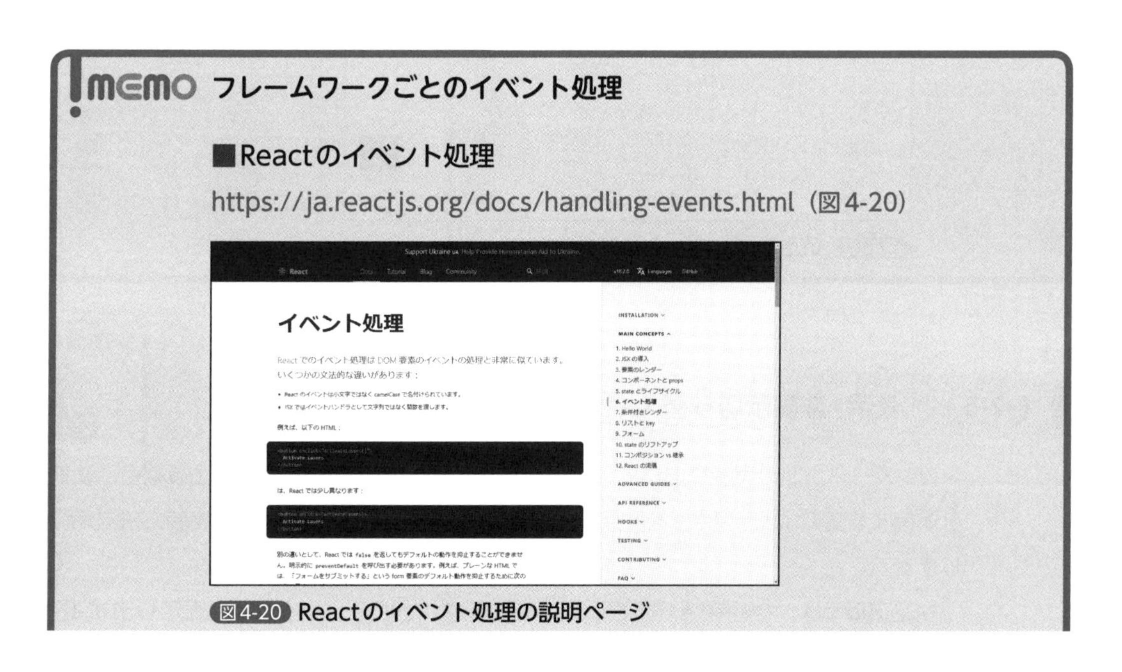

図4-20　Reactのイベント処理の説明ページ

■Angularのイベント処理

https://angular.io/guide/event-binding（図4-21）

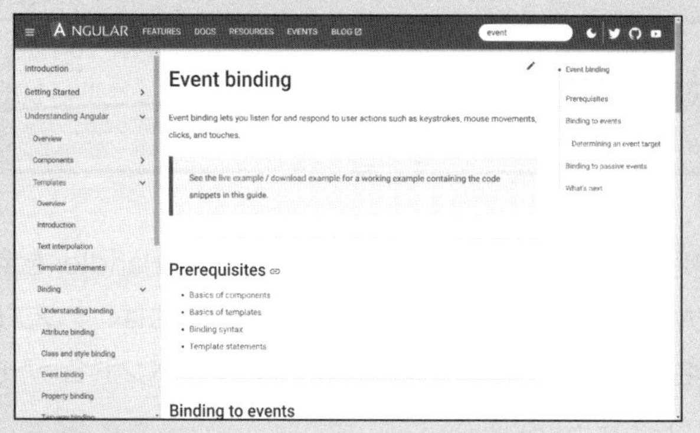

図4-21 Angularのイベント処理の説明ページ

■Vue.jsのイベント処理

https://v3.ja.vuejs.org/guide/events.html（図4-22）

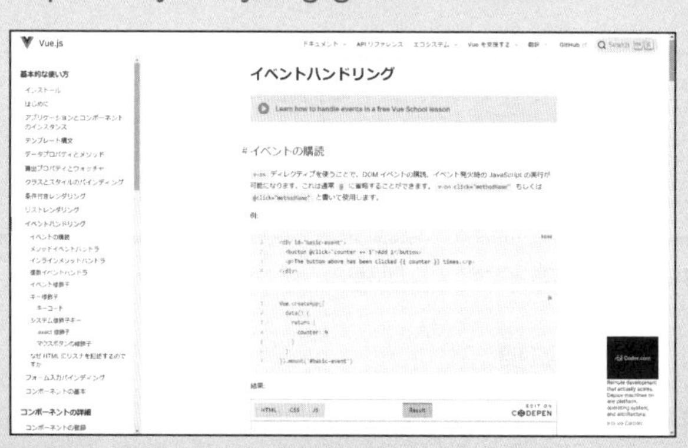

図4-22 Vue.jsのイベント処理の説明ページ

4-2-5　表示・非表示切り替え（サンプル＃5）

コンポーネントの実装において、表示・非表示のように状態を切り替える場合、状態を保持する変数「状態変数」を利用するのが基本です。ここでは、その実装方法を紹介します。

サンプルでは、［表示］と［非表示］ラベルの付いたボタンと、画像を表示します（図4-23）。［非表示］ボタンをクリックすると画像が消え、［表示］ボタンをクリックすると画像を表示します。

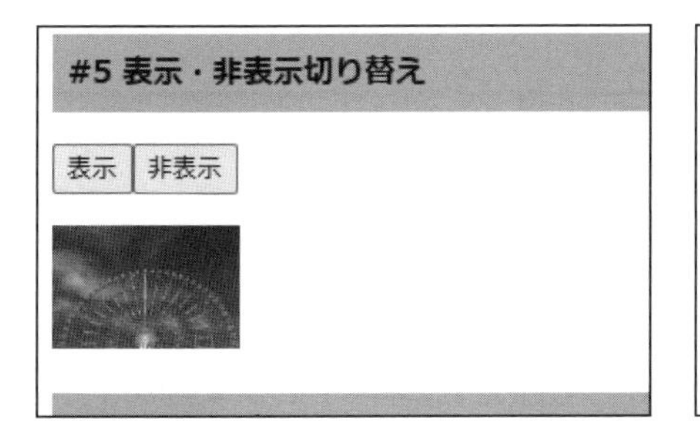

#5 表示・非表示切り替え
表示
非表示

図4-23 サンプル＃５の表示例（左：表示状態、右：非表示状態）

4-2-5-1 Reactのコード

リスト4-21 src¥Comp05.jsx

```
import {useState} from "react";❶

function Comp05() {❷

  const photo = {❸
    src: "./wheel.jpg",
    alt: "観覧車",
    width: "100"
  };

  const [isShow, setShow] = useState(true);❹

  return (
    <div>                                                    Ⓐ
      <button onClick={() => setShow(true)}>表示</button>❺
      <button onClick={() => setShow(false)}>非表示</button>❻
      {isShow?❼
        (<p>
          <img src={photo.src} alt={photo.alt} width={photo.
          width}/>
        </p>)❽
        :
        ""❾
      }
```

```
    </div>
  );
}
export default Comp05;
```

❶状態変数を利用するためにuseState関数をインポートします。
❷関数コンポーネント Comp05を定義します。
❸img要素のプロパティ値を設定するオブジェクトphotoを定義します。
❹状態変数isShowを、useState関数で定義します。
[状態変数名, 状態変数の更新関数名] = useState(初期値)
ここでは、状態変数はisShowで初期値はtrue、isShowの値を変更するときはsetShow（値）です。
❺表示ボタンをクリックしたときは、isShowの値をtrueに設定します。
❻非表示ボタンをクリックしたときは、isShowの値をfalseに設定します。
❼isShowの値に基づいて3項演算子で出力を切り替えます。
❽isShowがtureのとき、3校演算子はsrc,alt,widthのプロパティ値を設定したimg要素を返します。
❾isShowがfalseのとき、3校演算子は何も返しません。
❿関数Comp05を外部から利用するためにエクスポートします。
Ⓐのブロック：JSXで記述されたコードブロック

4-2-5-2 Angularのコード

リスト4-22 src¥app¥comp05¥comp05.component.ts（クラス定義）

```
import {Component} from "@angular/core";❶
@Component({                                          Ⓐ
  selector: "app-comp05",❷
  templateUrl: "./comp05.component.html"❸
})
export class Comp05Component {❹
  photo={❺
    src:"assets/wheel.jpg",
    alt: "観覧車",
    width:"100"
```

```
  }
  isShow=true;❻
  show(isShow: boolean) {❼
    this.isShow=isShow;
  }
}
```

❶ Componentデコレーターをインポートします。
❷ 出力先のHTML要素を指定するセレクター（CSSセレクター構文）です。ここでは<app-comp05></app-comp05>を出力先に指定しています。
❸ テンプレートファイルの指定（相対パス）です。
❹ Comp05Componentクラスを外部から利用するためにエクスポートします。
❺ img要素のプロパティ値を設定するオブジェクトphotoを定義します。
❻ 状態変数isShowをtrueに初期化します。Angularではコンポーネントクラスのプロパティを状態変数として利用出来ます。
❼ 状態変数isShowの値を変更するshowメソッドを定義します。

リスト4-23 src¥app¥comp05¥comp05.component.html（テンプレート）

```
<div>
  <button (click)="show(true)">表示</button>❶
  <button (click)="show(false)">非表示</button>❷
  <p>
    <img *ngIf="isShow"❸
      [src]="photo.src" [alt]="photo.alt"
      [width]="photo.width"
    >
  </p>
</div>
```

❶ 表示ボタンをクリックしたときはshow()メソッドでisShowの値をtrueに設定します。
❷ 非表示ボタンをクリックしたときはshow()メソッドでisShowの値をfalseに設定します。

❸ Angularのテンプレート構文「*ngIf="式"」で指定した要素の出力をON/OFFします。ここではisShow値がtrueのときはimg要素を出力、falseのときは出力しません。

4-2-5-3 Vue.jsのコード

リスト4-24 src¥components¥Comp05.vue

Ⓐ
```
<script setup>
import {ref} from "vue";❶

const photo = {❷
  src: "wheel.jpg",
  alt: "観覧車",
  width: "100"
};

const isShow = ref(true);❸

const show = (v) => isShow.value = v;❹
</script>
```

Ⓑ
```
<template>
  <div>
    <button v-on:click="show(true)">表示</button>❺
    <button v-on:click="show(false)">非表示</button>❻
    <p>
      <img v-if="isShow"  ❼
           v-bind:src="photo.src" v-bind:alt="photo.alt"
           v-bind:width="photo.width">
    </p>
  </div>
</template>
```

❶ 状態変数を利用するためにref関数をインポートします。

❷ img要素のプロパティ値を設定するオブジェクトphotoを定義します。

❸ 状態変数isShowをref関数で定義します。

[状態変数名 = ref(初期値)

ここでは、状態変数はisShowで初期値はtrue

❹状態変数isShowの値を変更するshowメソッドを定義します。スクリプトで状態変数の値にアクセスするには、状態変数のvalueプロパティを経由する必要があります。ここでは、isShow.value=vで状態変数に値を代入しています。

❺表示ボタンをクリックしたときはisShowの値をtrueに設定します。

❻非表示ボタンをクリックしたときはisShowの値をfalseに設定します。

❼Vue.jsのテンプレート構文「v-if="式"」で指定した要素の出力をON/OFFします。ここではisShow値がtrueのときはimg要素を出力、falseのときは出力しません。なお、v-if="isShow"のように、テンプレート構文からは、状態変数に直接アクセスできます。

Ⓐのブロック：SFCのスクリプト

Ⓑのブロック：SFCのテンプレート

4-2-5-4　コードの解説

●状態変数の機能

次の2つの機能があります。

1. 状態データの保持
2. 状態変数の値の変化を検知して表示の更新

●HTML出力の動的ON/OFF方法

各フレームワークとも、以下の3ステップで実装しています。

(1) 状態変数の初期化

(2) 状態変数の値の変更

(3) 状態変数の値に応じてHTML出力の動的ON/OFF

Reactは useState関数で（1）を、初期化時に取得した状態変数の更新関数で（2）を、JavaScriptの条件分岐で（3）を実装しています。

Angularはコンポーネントクラスのプロパティで（1）を、メソッドで（2）を、独自のテンプレート機能による分岐で（3）を実装しています。

Vue.jsはref関数で（1）を、状態変数のvalueプロパティ経由で（2）を、独自のテンプレート機能による分岐で（3）を実装しています。

4-2-6 繰り返し表示（サンプル＃6）

配列等の繰り返しデータを読み取り、1件ずつHTML要素として出力します。リストや表の表示に使われます。サンプルでは、都道府県別面積のランキングをまとめた配列データから、リストを表示します（図4-24）。

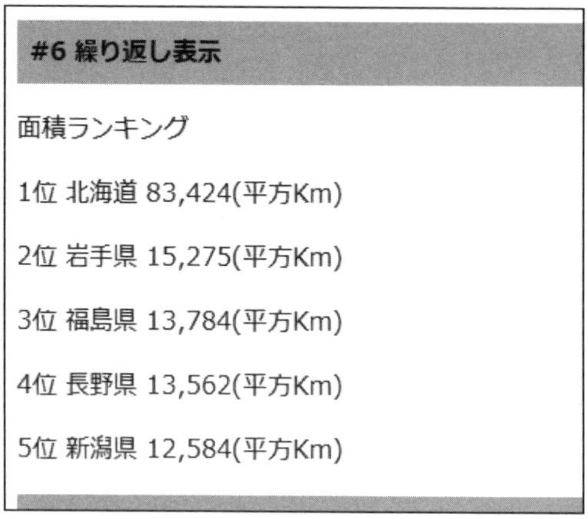

#6 繰り返し表示

面積ランキング

1位 北海道 83,424(平方Km)

2位 岩手県 15,275(平方Km)

3位 福島県 13,784(平方Km)

4位 長野県 13,562(平方Km)

5位 新潟県 12,584(平方Km)

図4-24 サンプル＃6の表示例

4-2-6-1 Reactのコード

リスト4-25 src¥Comp06.jsx

```
function Comp06() {❶

  const rankingData = [❷
    {rank: 1, name: "北海道", value: "83,424"},
    {rank: 2, name: "岩手県", value: "15,275"},
    {rank: 3, name: "福島県", value: "13,784"},
    {rank: 4, name: "長野県", value: "13,562"},
    {rank: 5, name: "新潟県", value: "12,584"}
  ];

  return (
    <div>                                              Ⓐ
      <p>面積ランキング</p>
      {rankingData.map(item=> {❸
        return (
```

```
            <p key={item.name}>❹
              {item.rank}位 {item.name} {item.value}(平方Km)
            </p>
          );
        })}
      </div>
  );
}
export default Comp06; ❺
```

❶関数コンポーネントComp06を定義します。

❷rankingDataは、都道府県別面積のランキングをまとめた配列データです。

❸配列データからmapメソッドで配列の要素ごとに繰り返し読み込みます。

❹繰り返し出力するHTML要素にkey属性を追加します。keyの値は一意である必要があります。繰り返し出力の結果は以下になります。

<p>1位 北海道 83,424(平方Km)</p>
<p>2位 岩手県 15,275(平方Km)</p>
<p>3位 福島県 13,784(平方Km)</p>
<p>4位 長野県 13,562(平方Km)</p>
<p>5位 新潟県 12,584(平方Km)</p>

❺関数Comp06を外部から利用するためにエクスポートします。

Ⓐのブロック：JSXで記述されたコードブロック

4-2-6-2 Angularのコード

リスト4-26 src¥app¥comp06¥comp06.component.ts（クラス定義）

```
import {Component} from "@angular/core";❶
@Component({                                          Ⓐ
  selector: "app-comp06",❷
  templateUrl: "./comp06.component.html"❸
})
export class Comp06Component {❹
  rankingData = [❺
    {rank: 1, name: "北海道", value: "83,424"},
```

```
    {rank: 2, name: "岩手県", value: "15,275"},
    {rank: 3, name: "福島県", value: "13,784"},
    {rank: 4, name: "長野県", value: "13,562"},
    {rank: 5, name: "新潟県", value: "12,584"}
  ];
}
```

❶ Componentデコレーターをインポートします。
❷ 出力先のHTML要素を指定するセレクター（CSSセレクター構文）です。ここでは<app-comp06></app-comp06>を出力先に指定しています。
❸ テンプレートファイルの指定（相対パス）です。
❹ Comp06Componentクラスを外部から利用するためにエクスポートします。
❺ 都道府県別面積のランキングをまとめた配列データをコンポーネントクラスのrankingDataプロパティとして、定義します。

リスト4-27 src¥app¥comp06¥comp06.component.html（テンプレート）

```
<div>
  <p>面積ランキング</p>
  <p *ngFor="let item of rankingData">❶
    {{item.rank}}位 {{item.name}} {{item.value}}(平方Km)
  </p>
</div>
```

❶ Angularのテンプレート構文「*ngFor」で、rankingDataプロパティからデータを読み込み、HTML要素を繰り返し出力します。繰り返し出力の結果は以下になります。

<p>1位 北海道 83,424(平方Km)</p>
<p>2位 岩手県 15,275(平方Km)</p>
<p>3位 福島県 13,784(平方Km)</p>
<p>4位 長野県 13,562(平方Km)</p>
<p>5位 新潟県 12,584(平方Km)</p>

4-2-6-3 Vue.jsのコード

リスト4-28 src¥components¥Comp06.vue

Ⓐ
```
<script setup>
const rankingData = [❶
{rank: 1, name: "北海道", value: "83,424"},
{rank: 2, name: "岩手県", value: "15,275"},
{rank: 3, name: "福島県", value: "13,784"},
{rank: 4, name: "長野県", value: "13,562"},
{rank: 5, name: "新潟県", value: "12,584"}
];
</script>
```

Ⓑ
```
<template>
  <div>
    <p>面積ランキング</p>
    <p v-for="item of rankingData" v-bind:key="item.name">❷
      {{item.rank}}位  {{item.name}}  {{item.value}}(平方Km)
    </p>
  </div>
</template>
```

❶ rankingDataは、都道府県別面積のランキングをまとめた配列データです。

❷ Vue.jsのテンプレート構文「v-for」でrankingDataの値を読み取り、HTML要素を繰り返し出力します。keyの値は一意である必要があります。繰り返し出力の結果は以下になります。

<p>1位 北海道 83,424(平方Km)</p>
<p>2位 岩手県 15,275(平方Km)</p>
<p>3位 福島県 13,784(平方Km)</p>
<p>4位 長野県 13,562(平方Km)</p>
<p>5位 新潟県 12,584(平方Km)</p>

Ⓐのブロック：SFCのスクリプト
Ⓑのブロック：SFCのテンプレート

4-2-6-4 コードの解説

● HTML要素の繰り返し出力の実装方法

ReactはJavaScript組み込み関数のmap()メソッドを利用して出力します。

AngularとVue.jsは独自のテンプレート機能を利用して出力します。

なお、ReactとVue.jsはkeyの指定が基本です。Angularはkeyの代わりに「trackBy」を使用可能ですが、オプションです。

memo 繰り返し出力の参考情報

■ JavaScriptのmap()メソッド

https://developer.mozilla.org/ja/docs/Web/JavaScript/Reference/Global_Objects/Array/map（図4-25）

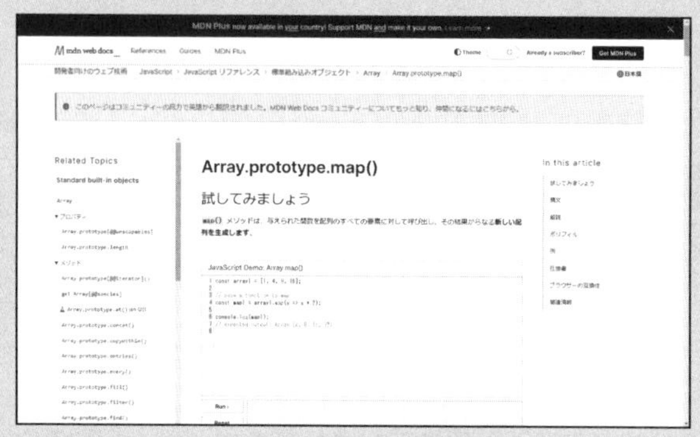

図4-25 JavaScriptのmap()メソッド

■ Angularのtrackby

https://angular.io/guide/built-in-directives#tracking-items-with-ngfor-trackby（図4-26）

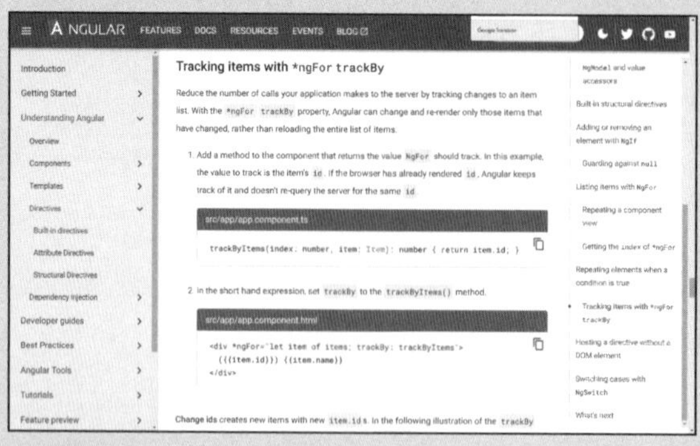

図4-26 Angularのtrackby

■Reactのリストと Key

https://ja.reactjs.org/docs/lists-and-keys.html（図4-27）

図4-27 Reactのリストと Key

■Vue.jsのv-for構文におけるKey
Maintaining State with key

https://vuejs.org/guide/essentials/list.html#maintaining-state-with-key

4-2-7 フォーム入力取得（サンプル＃7）

フォームに入力した値で、状態変数を更新します。逆に、状態変数の値に応じて表示を更新します。このような機能を双方向データバインドと呼びます。サンプルでは、はじめに状態変数の初期値が表示されます（ここでは空白）。入力欄に文字を入力すると、状態変数へ入力値が代入され、「入力された文字」と「文字数」の表示が更新されます（図4-28）。

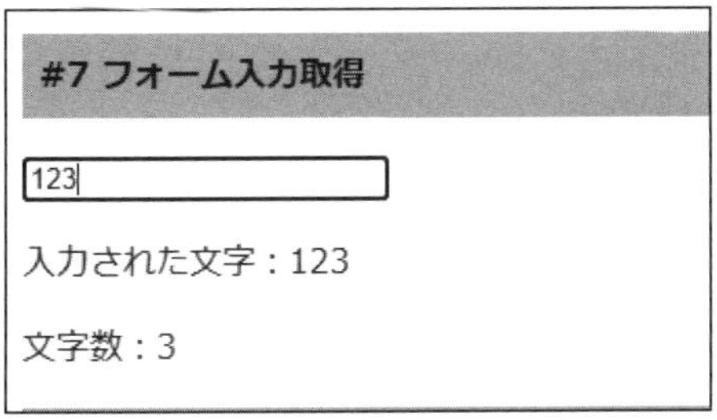

#7 フォーム入力取得

123

入力された文字：123

文字数：3

図4-28 サンプル＃7の表示例

4-2-7-1 Reactのコード

リスト4-29 src¥Comp07.jsx

```
import {useState} from "react";❶

function Comp07() {❷

  const [inputStr, setInputStr] = useState("");❸

  const changeHandler = (event) => {❹
    setInputStr(event.target.value);❺
  };

  return (
    <div>                                              Ⓐ
      <input type="text" onChange={changeHandler}/>❻
      <p>入力された文字：{inputStr}</p>❼
      <p>文字数：{inputStr.length}</p>❽
    </div>
  );
}
export default Comp07; ❾
```

❶状態変数を利用するためにuseState関数をインポートします。

❷関数コンポーネント Comp07を定義します。

❸状態変数inputStrを、useState関数で定義します。

[状態変数名,状態変数の更新関数名] = useState(初期値)

ここでは、状態変数はinputStrで初期値は""、inputStrの値を変更するときはsetInputStr(値)

❹イベントハンドラーchangeHandlerを定義します。

❺状態変数inputStrの値を入力された文字（event.target.value）で更新します。

❻フォームに入力した文字が変化したときのイベントハンドラーchangeHandlerを登録します。

❼状態変数inputStrの値を出力します。inputStrの値が変化する度に表示を自動更新します。

❽状態変数inputStrの文字数を出力します。inputStrの値が変化する度に表示を自動更新します。

❾関数Comp07を外部から利用するためにエクスポートします。

Ⓐのブロック：JSXで記述されたコードブロック

4-2-7-2 Angularのコード

リスト4-30 src¥app¥comp07¥comp07.component.ts（クラス定義）

```
import {Component} from "@angular/core";❶
@Component({                                          Ⓐ
    selector: "app-comp07",❷
    templateUrl: "./comp07.component.html"❸
})
export class Comp07Component {❹
  inputStr = "";❺
}
```

❶Componentデコレーターをインポートします。

❷出力先のHTML要素を指定するセレクター（CSSセレクター構文）です。ここでは<app-comp07></app-comp07>を出力先に指定しています。

❸テンプレートファイルの指定（相対パス）です。

❹Comp07Componentクラスを外部から利用するためにエクスポートします。

❺状態変数inputStrをコンポーネントクラスのプロパティとして定義します。初期値は、""（空白）です。

リスト4-31 src¥app¥comp07¥comp07.component.html（テンプレート）

```
<div>
  <input [(ngModel)]="inputStr">❶
  <p>入力された文字：{{inputStr}}</p>❷
  <p>文字数：{{inputStr.length}}</p>❸
</div>
```

❶Angularのテンプレート構文「[(ngModel)]="変数"」で双方向データバインドを定義します。

❷状態変数inputStrの値を出力します。inputStrの値が変化する度に表示を自動更新します。

❸状態変数inputStrの値の文字数を出力します。inputStrの値が変化する度に表示を自動更新します。

4-2-7-3 Vue.jsコード

リスト4-32 src¥components¥Comp07.vue

```
<script setup>                                          Ⓐ
import {ref} from "vue";❶

const inputStr = ref("");❷
</script>
```

```
<template>                                              Ⓑ
  <div>
    <input v-model="inputStr">❸
    <p>入力された文字：{{inputStr}}</p>❹
    <p>文字数：{{inputStr.length}}</p>❺
  </div>
</template>
```

❶状態変数を利用するためにref関数をインポートします。

❷状態変数inputStrをref関数で定義します。

状態変数名 = ref(初期値)

ここでは、状態変数はinputStrで初期値は""です。

❸Vue.jsのテンプレート構文「v-model="変数"」で双方向データバインドを定義します。

❹状態変数inputStrの値を出力します。inputStrの値が変化する度に表示を自動更新します。状態変数の値にアクセスするのに、スクリプトではvalueプロパティを経由する必要がありますが、テンプレート構文では状態変数を直接データバインドできます。

❺状態変数inputStrの値の文字数を出力します。inputStrの値が変化する度に表示を自動更新します。

Ⓐのブロック：SFCのスクリプト

Ⓑのブロック：SFCのテンプレート

4-2-7-4 コードの解説

●双方向データバインドの実装方法

Reactは、データバインドとonChangeのイベントハンドラーを組み合わせて双方向データバインドを実装します。

AngularとVue.jsは、独自のテンプレート構文で双方向データバインド機能を利用します。

独自のテンプレート構文の方が便利に見えますが、入力時にデータチェックなどの処理が必要な場合は、AngularやVue.jsであっても、Reactと同じようにonChange等のイベントハンドラーを利用します。

4-2-8 変更検知と再レンダリング（サンプル＃8）

各フレームワークでは、状態変数の変更を検知するとデータバインドが再実行されます。これは、フレームワークの重要な機能です。フレームワークごとに実装方法や仕組みが異なりますので、確認します。サンプルの初期表示は、都道府県別面積ランキング5件のリストを表示します。［データを1件削除］ボタンをクリックすると、ランキングデータを1件削除し、すぐに表示に反映されます。表示が更新された時刻は、末尾に表示されます。（図4-29）。

#8 変更検知と再レンダリング

[データを1件削除]

1位 北海道 83,424(平方Km)

2位 岩手県 15,275(平方Km)

3位 福島県 13,784(平方Km)

4位 長野県 13,562(平方Km)

5位 新潟県 12,584(平方Km)

時刻：21:44:24

図4-29 サンプル＃8の初期表示例

4-2-8-1 Reactのコード

リスト4-33 src¥Comp08.jsx

```
import {useState} from "react";❶

function Comp08() {❷

  const rankingData = [❸
```

```
    {rank: 1, name: "北海道", value: "83,424"},
    {rank: 2, name: "岩手県", value: "15,275"},
    {rank: 3, name: "福島県", value: "13,784"},
    {rank: 4, name: "長野県", value: "13,562"},
    {rank: 5, name: "新潟県", value: "12,584"}
  ];

  const [data, setData] = useState(rankingData); ❹

  function getTimeStr() { ❺
    return new Date().toLocaleTimeString();
  }

  function popRankingData() { ❻
    if (data.length > 0) { ❼
      setData(data.slice(0,-1)); ❽
    } else {
      alert("削除するデータがありません");
    }
  }

  return (
    <div>                                                        Ⓐ
      <button onClick={popRankingData}>データを1件削除</button> ❾
      {data.map(item=> { ❿
        return (
          <p key={item.name}>
            {item.rank}位 {item.name} {item.value}(平方Km)
          </p>
        );
      })}
      <p>時刻：{getTimeStr()}</p> ⓫
    </div>
  );
}
export default Comp08; ⓬
```

❶状態変数を利用するためにuseState関数をインポートします。
❷関数コンポーネント Comp08を定義します。
❸rankingDataは、都道府県別面積のランキングをまとめた配列データです。
❹状態変数dataを、useState関数で定義します。
[状態変数名,状態変数の更新関数名] = useState(初期値)
ここでは、状態変数はdataで初期値は❸で定義したrankingData、dataの値を変更するときはsetData(値)
❺現在時刻を取得する関数getTimeStrを定義します。
❻状態変数dataから末尾のデータを1件削除する関数popRankingData()を定義します。
❼状態変数dataの配列が空のときは、「削除するデータがありません」を表示します。
❽状態変数dataの配列データから末尾の1件の要素を削除して状態変数dataを更新関数（setData()）で更新します。
❾ボタンをクリックしたときのイベントハンドラーpopRankingData()を登録します。
❿状態変数dataの配列データを出力します。
⓫現在時刻を出力します。
⓬関数Comp08を外部から利用するためにエクスポートします。
Ⓐのブロック：JSXで記述されたコードブロック

4-2-8-2 Angularのコード

リスト4-34 src¥app¥comp08¥comp08.component.ts（クラス定義）

```
import {Component} from "@angular/core";❶
@Component({                                        Ⓐ
  selector: "app-comp08",❷
  templateUrl: "./comp08.component.html"❸
})
export class Comp08Component {❹

  rankingData = [❺
    {rank: 1, name: "北海道", value: "83,424"},
    {rank: 2, name: "岩手県", value: "15,275"},
    {rank: 3, name: "福島県", value: "13,784"},
    {rank: 4, name: "長野県", value: "13,562"},
```

```
    {rank: 5, name: "新潟県", value: "12,584"}
  ];

  getTimeStr() {❻
    return new Date().toLocaleTimeString();
  }

  popRankingData() {❼
    if (this.rankingData.length > 0) {❽
      this.rankingData = this.rankingData.slice(0, -1);❾
    }else{
      alert("削除するデータがありません");
    }
  }
}
```

❶ Componentデコレーターをインポートします。

❷ 出力先のHTML要素を指定するセレクター（CSSセレクター構文）です。ここでは<app-comp08></app-comp08>を出力先に指定しています。

❸ テンプレートファイルの指定（相対パス）です。

❹ Comp08Componentクラスを外部から利用するためにエクスポートします。

❺ 都道府県別面積のランキングをまとめた配列データを、コンポーネントクラスのプロパティrankingDataとして定義します。状態変数として、利用します。

❻ 現在時刻を取得する関数getTimeStrを定義します。

❼ rankingDataから末尾の1件削除する関数popRankingData()を定義します。

❽ 状態変数rankingDataの配列が空のときは、「削除するデータがありません」を表示します。

❾ 状態変数rankingDataの配列データから末尾の1件の要素を削除してrankingDataに代入します。

リスト4-35 src¥app¥comp08¥comp08.component.html（テンプレート）

```
<div>
  <button (click)="popRankingData()">データを1件削除</button>❶
  <p *ngFor="let item of rankingData">❷
```

```
    {{item.rank}}位  {{item.name}}  {{item.value}}(平方Km)
  </p>
  <p>時刻：{{getTimeStr()}}</p>❸
</div>
```

❶ボタンをクリックしたときのイベントハンドラーpopRankingData()を登録します。

❷Angularのテンプレート構文「*ngFor」で、rankingDataの配列データを出力します。

❸現在時刻を出力します。

4-2-8-3 Vue.jsのコード

リスト4-36 src¥components¥Comp08.vue

```
<script setup>                                                    Ⓐ
import {ref} from "vue";❶

const rankingData = [❷
  {rank: 1, name: "北海道", value: "83,424"},
  {rank: 2, name: "岩手県", value: "15,275"},
  {rank: 3, name: "福島県", value: "13,784"},
  {rank: 4, name: "長野県", value: "13,562"},
  {rank: 5, name: "新潟県", value: "12,584"}
];

const data = ref(rankingData);❸

const getTimeStr = () => {❹
  return new Date().toLocaleTimeString();
};

const popRankingData = () => {❺
  if (data.value.length > 0) {❻
    data.value=data.value.slice(0,-1);❼
  } else {
```

```
        alert("削除するデータがありません");
    }
}

</script>
```

```
<template>                                                   Ⓑ
  <div>
    <button v-on:click="popRankingData">データを1件削除</button>❽
    <p v-for="item of data" v-bind:key="item.name">❾
      {{ item.rank }} 位 {{ item.name }}
      {{ item.value }}( 平方Km)
    </p>
    <p>時刻：{{ getTimeStr() }}</p>❿
  </div>
</template>
```

❶状態変数を利用するためにref関数をインポートします。

❷rankingDataは、都道府県別面積のランキングをまとめた配列データです。

❸状態変数dataをref関数で定義します。

状態変数名 = ref(初期値);

ここでは、状態変数はdataで初期値は❷で定義したランキングデータです。

❹現在時刻を取得する関数getTimeStrを定義します。

❺ランキングデータから末尾の1件削除する関数popRankingData()を定義します。

❻状態変数dataの配列が空のときは、「削除するデータがありません」を表示します。スクリプトで状態変数dataアクセスするにはvalueプロパティ（data.value）を経由する必要があります。

❼状態変数dataの配列データから末尾の1件の要素を削除して更新します。❻と同様に、状態変数dataにvalueプロパティ（data.value）を経由してアクセスします。

❽ボタンをクリックしたときのイベントハンドラーpopRankingData()を登録します。

❾Vue.jsのテンプレート構文「v-for」で、状態変数dataの配列データを出力します。

⑩現在時刻を出力します。

Ⓐのブロック：SFCのスクリプト

Ⓑのブロック：SFCのテンプレート

4-2-8-4 コードの解説

●変更検知と再レンダリングの実装方法

フレームワークごとに異なります。

Reactは、useEffect関数で状態変数とその更新関数の両方を特別なものとして定義する必要があります。更新関数を使わずに、状態変数を直接変更した場合は変更検知されず、再レンダリングが行われません。この制約を理解して実装する必要があります。

Angularは。コンポーネントクラスのプロパティ値が変化すれば、変更検知され再レンダリングが行われます。特別な定義や制約を理解する必要がなく、実装できます。

Vue.jsは、ref関数等で状態変数の特別な定義が必要です。また、スクリプトからは状態変数の値へのアクセスを、状態変数のvalueプロパティ経由で行う必要があります。ただし、テンプレート構文からは状態変数を直接利用できます。

4-2-9 子コンポーネントへデータ渡し（サンプル＃9）

親子コンポーネントが連携するには、データの受け渡しが必要です。受け渡しの方法は幾つかありますが、ここではコンポーネントのプロパティを使って、親から子コンポーネントへデータを渡します。子コンポーネントは、表示に必要なすべてのデータを親コンポーネントから受け取り、表示機能のみ提供する部品のように使用します。サンプルでは、都道府県別面積ランキング5件のリストを表示します。枠部分が子コンポーネントの表示エリアです（図4-30）。

#9 子コンポーネントへデータ渡し

面積ランキング

1位 北海道 83,424(平方Km)

2位 岩手県 15,275(平方Km)

3位 福島県 13,784(平方Km)

4位 長野県 13,562(平方Km)

5位 新潟県 12,584(平方Km)

図4-30 サンプル＃9の初期表示例

4-2-9-1 Reactのコード

親コンポーネント

リスト4-37 src¥Comp09.jsx

```
import Comp10 from "./Comp10";❶

function Comp09() {❷

  const listData = {❸
    title: "面積ランキング",
    rankingData: [
      {rank: 1, name: "北海道", value: "83,424"},
      {rank: 2, name: "岩手県", value: "15,275"},
      {rank: 3, name: "福島県", value: "13,784"},
      {rank: 4, name: "長野県", value: "13,562"},
      {rank: 5, name: "新潟県", value: "12,584"}
    ]
  };

  return (
    <div className="blue-frame">❹                              Ⓐ
      <Comp10 listObj={listData}/>❺
    </div>
  );
}
export default Comp09;❻
```

❶子コンポーネントComp10をインポートします。

❷関数コンポーネント Comp09を定義します。

❸listDataは、タイトルと都道府県別面積のランキングデータをまとめたオブジェクトです。

❹子コンポーネントの周囲に青枠のスタイルを適用します。

❺子コンポーネントComp10の呼び出しです。呼び出しの際に、プロパティlistObjを追加し、❸で定義したlistData変数をデータバインドしています。

❻関数Comp09を外部から利用するためにエクスポートします。

Ⓐのブロック：JSXで記述されたコードブロック

子コンポーネント

リスト4-38 src¥Comp10.jsx

```
function Comp10(props) {❶

  return (
    <div>
      <p>{props.listObj.title}</p>❷
      {props.listObj.rankingData.map(item => {❸
        return (
          <p key={item.name}>
            {item.rank}位 {item.name} {item.value}(平方Km)
          </p>
        );
      })}
    </div>
  );
}
export default Comp10;❹
```

❶引数にpropsを持つ関数コンポーネント Comp10を定義します。propsには、親コンポーネント（ここではComp09）で定義したプロパティが含まれています。

❷propsからタイトルデータを取得して出力します。

❸propsからランキングの配列データを取得して出力します。

❹関数Comp09を外部から利用するためにエクスポートします。

Ⓐのブロック：JSXで記述されたコードブロック

4-2-9-2 Angularのコード

親コンポーネント

リスト4-39 src¥app¥comp09¥comp09.component.ts（クラス定義）

```
import {Component} from "@angular/core";❶
import {ListObj} from "../list-obj";❷
@Component({
```

```
  selector: "app-comp09",❸
  templateUrl: "./comp09.component.html"❹
})
export class Comp09Component {❺
  listData:ListObj = {
    title: "面積ランキング",
    rankingData: [
      {rank: 1, name: "北海道", value: "83,424"},
      {rank: 2, name: "岩手県", value: "15,275"},
      {rank: 3, name: "福島県", value: "13,784"},
      {rank: 4, name: "長野県", value: "13,562"},
      {rank: 5, name: "新潟県", value: "12,584"}
    ]
  }
}
```

❶ Componentデコレーターをインポートします。
❷ ランキングデータの型情報をインポートします。
❸ 出力先のHTML要素を指定するセレクター（CSSセレクター構文）です。ここでは<app-comp09></app-comp09>を出力先に指定しています。
❹ テンプレートファイルの指定（相対パス）です。
❺ Comp09Componentクラスを外部から利用するためにエクスポートします。
❻ listDataは、タイトルと都道府県別面積のランキングデータをまとめたオブジェクトです。

リスト4-40 src¥app¥comp09¥comp09.component.html（テンプレート）

```
<div class="blue-frame">❶
  <app-comp10 [listObj]="listData"></app-comp10>❷
</div>
```

❶ 子コンポーネントの周囲に青枠のスタイルを適用します。
❷ 子コンポーネントComp10Componentの呼び出しです。プロパティバインドを使い、子コンポーネントへデータを渡します。ここでは、子コンポーネントのlistObjプロパティにlistDataオブジェクトをバインドしています。

子コンポーネント

リスト4-41 src¥app¥comp10¥comp10.component.ts（クラス定義）

```
import {Component, Input} from "@angular/core";❶
import {ListObj} from "../list-obj";❷

@Component({                                              Ⓐ
  selector: "app-comp10",❸
  templateUrl: "./comp10.component.html"❹
})
export class Comp10Component {❺
  @Input() listObj!: ListObj❻
}
```

❶Componentデコレーターと Inputデコレーターをインポートします。
❷ListObjの型情報をインポートします。
❸出力先のHTML要素を指定するセレクター（CSSセレクター構文）です。ここでは<app-comp10></app-comp10>を出力先に指定しています。
❹テンプレートファイルの指定（相対パス）です。
❺Comp10Componentクラスを外部から利用するためにエクスポートします。
❻Inputデコレーターを使い、親コンポーネントから受け取るプロパティを定義します。なお、！マークは、TypeScriptにおいて変数の値がnullでないことを示す、非nullアサーション演算子です。listObjの初期値は、親コンポーネントで設定されるため、！マークを付けないと、ビルド時にエラーが検出されます。

リスト4-42 src¥app¥comp10¥comp10.component.html（テンプレート）

```
<div>
  <p>{{listObj.title}}</p>❶
  <p *ngFor="let item of listObj.rankingData">❷
    {{item.rank}}位　{{item.name}}　{{item.value}}(平方Km)
  </p>
</div>
```

❶親コンポーネントから受け取ったlistObjからタイトルデータを取得して出力します。

❷親コンポーネントから受け取ったlistObjからランキングデータを取得してAngularのテンプレート構文「*ngFor」で出力します。

4-2-9-3 Vue.jsのコード

親コンポーネント

リスト4-43 src¥components¥Comp09.vue

```
<script setup>                                          Ⓐ
import Comp10 from './Comp10.vue' ❶

const listData = {❷
  title: "面積ランキング",
  rankingData: [
    {rank: 1, name: "北海道", value: "83,424"},
    {rank: 2, name: "岩手県", value: "15,275"},
    {rank: 3, name: "福島県", value: "13,784"},
    {rank: 4, name: "長野県", value: "13,562"},
    {rank: 5, name: "新潟県", value: "12,584"}
  ]
};
</script>
```

```
<template>                                              Ⓑ
  <div class="blue-frame">❸
    <Comp10 v-bind:listObj="listData" />❹
  </div>
</template>
```

❶子コンポーネントComp10をインポートします。

❷listDataは、タイトルと都道府県別面積のランキングデータをまとめたオブジェクトです。

❸子コンポーネントの周囲に青枠のスタイルを適用します。

❹子コンポーネントComp10の呼び出しです。Vue.jsのテンプレート構文「v-bind」を使い、子コンポーネントへデータを渡します。ここでは、listObjプロパティにlistDataオブジェクトをプロパティバインドしています。

Ⓐのブロック：SFCのスクリプト
Ⓑのブロック：SFCのテンプレート

子コンポーネント

リスト4-44 ¥components¥Comp10.vue

```
<script setup>                                                    Ⓐ
const props = defineProps(["listObj"]);❶
</script>
```

```
<template>                                                        Ⓑ
  <div>
    <p>{{ props.listObj.title }}</p>❷
    <p v-for="item of props.listObj.rankingData"❸
       v-bind:key="item.name">
      {{ item.rank }}位  {{ item.name }}  {{ item.value }}(平方
Km)
    </p>
  </div>
</template>
```

❶ defineProps()関数を使い、親コンポーネントから受け取るプロパティを定義します。definePropsはVue.jsの組み込み関数なのでimport文の記述は不要です。
❷ 親コンポーネントから受け取ったprops.listObjからタイトルデータを取得して出力します。
❸ 親コンポーネントから受け取ったprops.listObjからランキングデータを取得してVue.jsのテンプレート構文「v-for」で出力します。
Ⓐのブロック：SFCのスクリプト
Ⓑのブロック：SFCのテンプレート

4-2-9-4 コードの解説

● 親から子コンポーネントへのデータ渡しの実装方法

各フレームワークとも、子コンポーネント呼び出し時のプロパティ経由でデータを渡します。

Reactは、親コンポーネントで設定したプロパティを、子の関数コンポーネントが引数として受け取ります。

Angularは、子コンポーネントが@Inputデコレーターで注釈したプロパティ経由で受け取ります。

Vue.jsは、子コンポーネントのdefinePropsで指定したプロパティ経由で受け取ります。

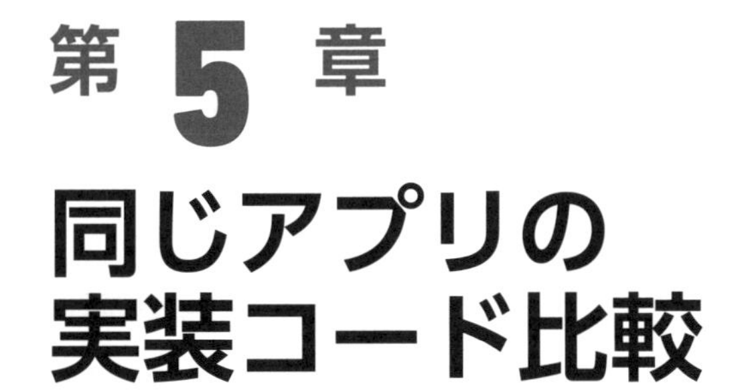

第5章 同じアプリの実装コード比較

5章では、4章で学習した機能を組み合わせた「to-doリスト」アプリをフレームワークごとに実装して、コードを比較します。同じアプリですから、React・Angular・Vue.jsの違いと類似点を具体的に把握できます。

5-1 to-doリストアプリの概要

5-1-1 動作概要

メインページ（to-doリスト）を起点として、サブページ（追加ダイアログ、編集ダイアログ）の開閉を繰り返すSPAです（図5-1）。「1-3-3 シンプルなSPA」で紹介した実装パターンです。

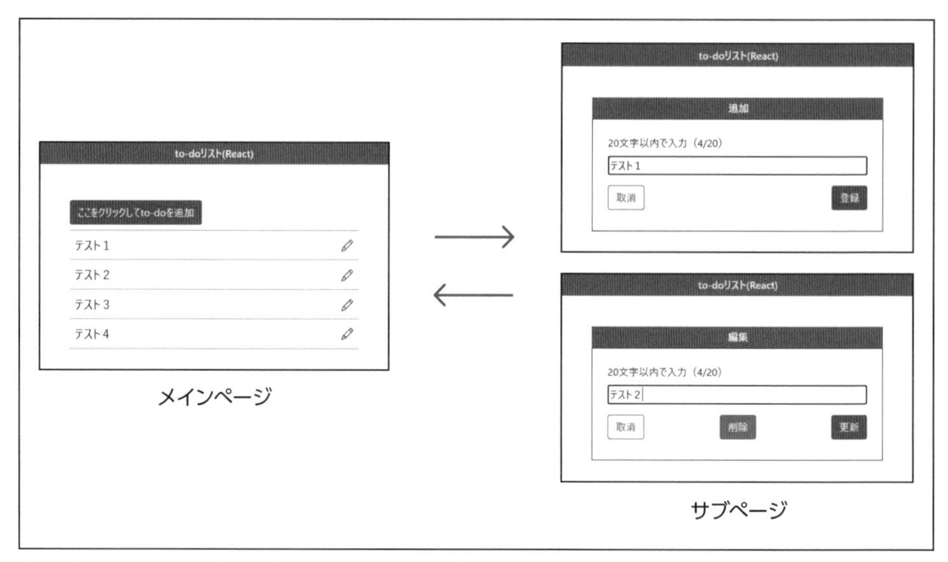

図5-1 メインページを起点としてダイアログの開閉を行う

5-1-2 機能と制限

フレームワークごとの実装コードの違いを明確にするために、機能は単純化しています。

- to-doのリスト表示、追加、変更、削除ができます。
- to-doの追加/変更時に空欄チェックと文字数制限(20文字まで)を行います。
- データ保存機能はありません。ブラウザを閉じたり、リロードしたりすると、登録データが消失します。
- ルーター機能による仮想URLを使用していません。したがって、サブページ表示中にリロードすると、メインページが表示されます。

5-1-3 画面フロー(登録)

起動からto-do登録までの画面フローは次のようになります。同じ機能を実装していますので、画面上部のタイトル部分が「to-doリスト(React)」、「to-doリスト(Angular)」、「to-doリスト(Vue.js)」と異なるだけで、その他の表示や動作は同一です。ここではReactの例で解説します。

❶アプリを起動すると、to-doリストアプリの初期画面が表示されます(図5-2)。起動時は、to-doが登録されていないので、to-do追加ボタンのみ表示されます。

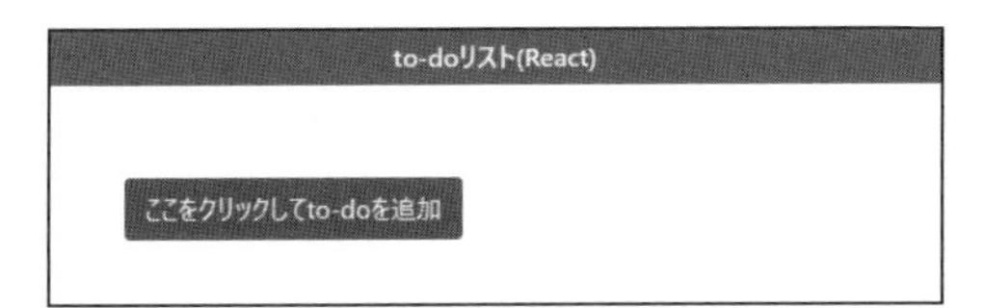

図5-2 to-do リストアプリ初期画面

❷［ここをクリックしてto-doを追加］ボタンをクリックします。

❸ to-do追加ダイアログが開きます（図5-3）。入力欄は空欄です。

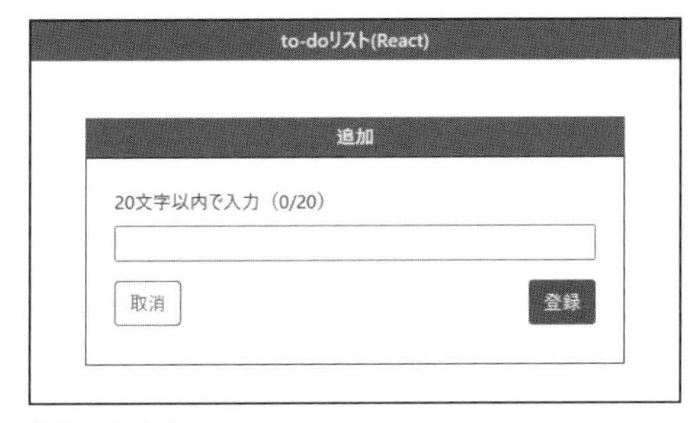

図5-3 追加ダイアログ

❹入力欄にto-doの内容を入力します（図5-4）。

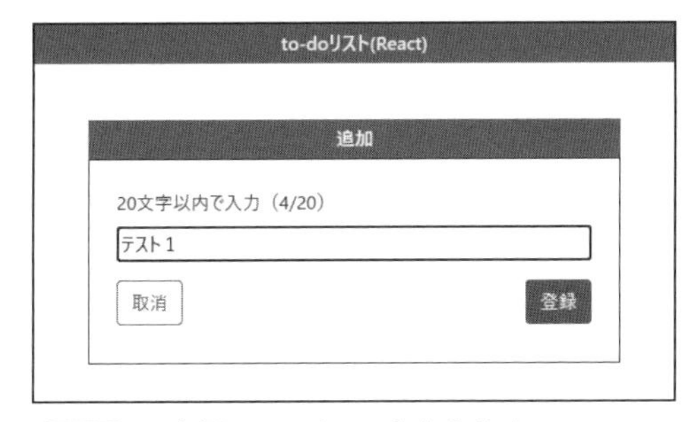

図5-4 入力欄にto-doの内容を入力

❺［登録］ボタンをクリックすると、追加ダイアログが閉じます。

❻入力したデータがto-doリストに表示されます（図5-5）。

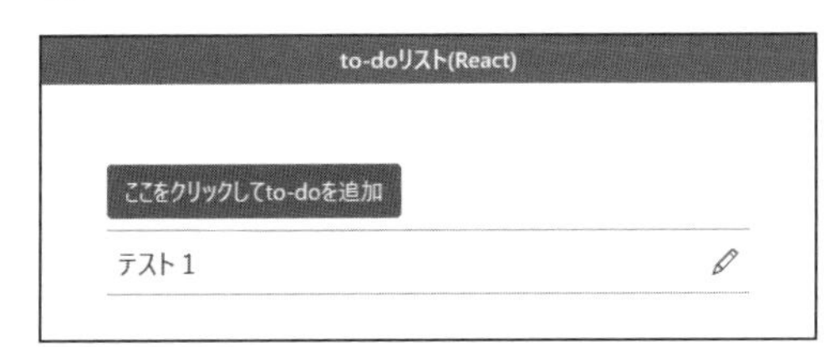

図5-5 入力データがto-do リストに表示

❼同じ操作を繰り返すと、to-doリストに複数件登録できます。

5-1-4 画面フロー（編集）

to-do編集の画面フローは以下になります。

❶編集したいto-do右端の鉛筆アイコンをクリックします。たとえば、テスト2の鉛筆アイコンをクリックします（図5-6）。

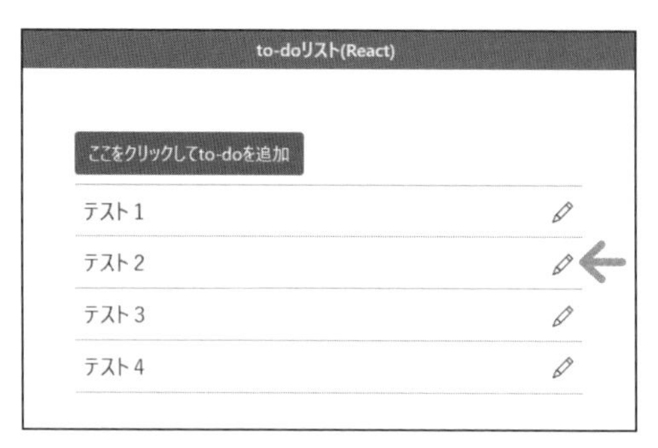

図5-6 編集するto-doの鉛筆アイコンをクリック

❷編集ダイアログが開きます。入力欄に現在のto-doの内容が表示されます（図5-7）。

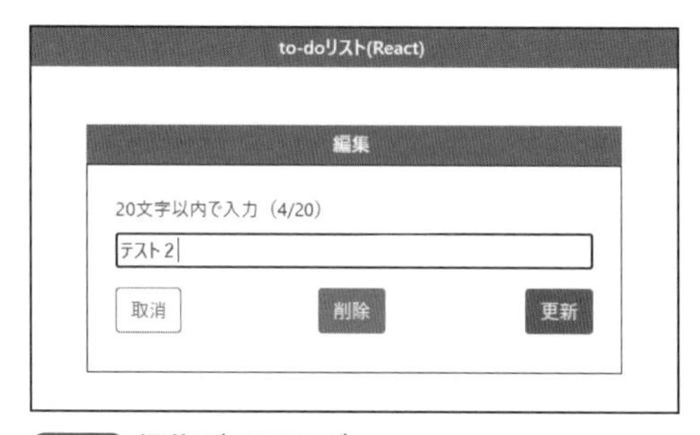

図5-7 編集ダイアログ

❸入力欄を編集します（図5-8）。

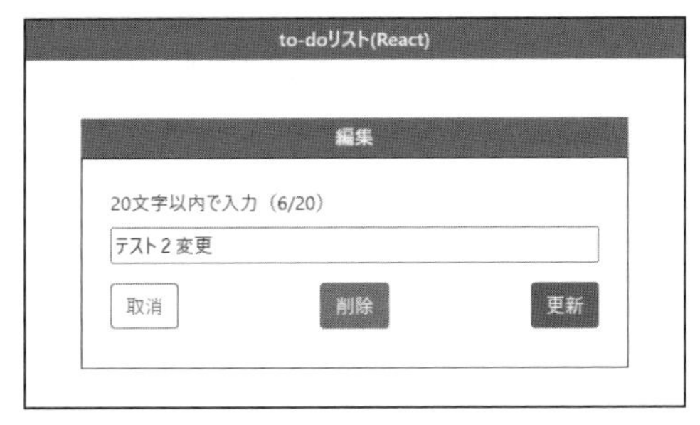

図5-8 to-doの内容を編集

❹［更新］ボタンをクリックすると、編集ダイアログが閉じます。

❺編集したデータがto-doリストに表示されます（図5-9）。

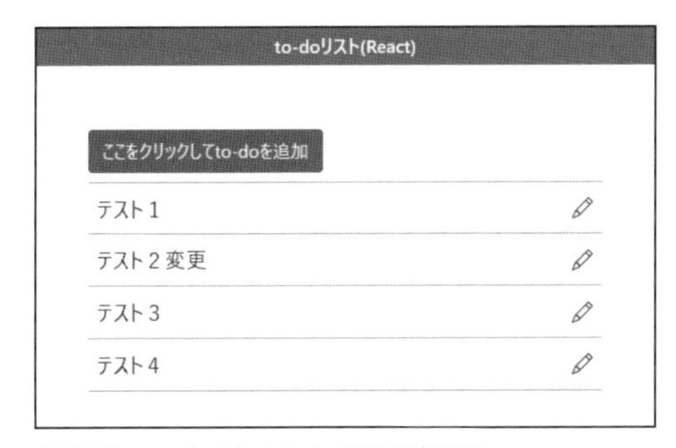

図5-9 to-doリストに変更が反映

※to-doを削除するには、編集ダイアログで［削除］ボタンをクリックします。

※入力欄が空欄の状態で［登録］または［更新］ボタンをクリックすると、警告ダイアログが表示され、処理がキャンセルされます（図5-10）。

図5-10 入力データが空欄時の警告ダイアログ

5-2 to-doリストアプリのインストール

5-2-1 アプリの取得

1) 前提ソフトのインストール

to-doリストアプリの実行には、Node.jsが必要です。コマンドプロンプトから「node -v」コマンドでNode.jsのバージョンを表示して、インストール状況を確認します。Node.jsが未インストールの場合は、公式サイトからLTS（長期サポート）版をダウンロードして、インストールします。

■Node.js公式サイト

https://nodejs.org/ja/

2) ダウンロードファイルの展開

本書サポートサイト（本書の初めにある「本書を読む前に」のページを参照）からダウンロードした「framework-app_YYYYMMDD.7z」（YYYYMMDDはファイルの更新日）ファイルを7zipツールで展開します。

■7zipツール

https://sevenzip.osdn.jp/

5-2-2 アプリのフォルダ構造

展開後、フレームワークごとのフォルダが確認できます（図5-11）。

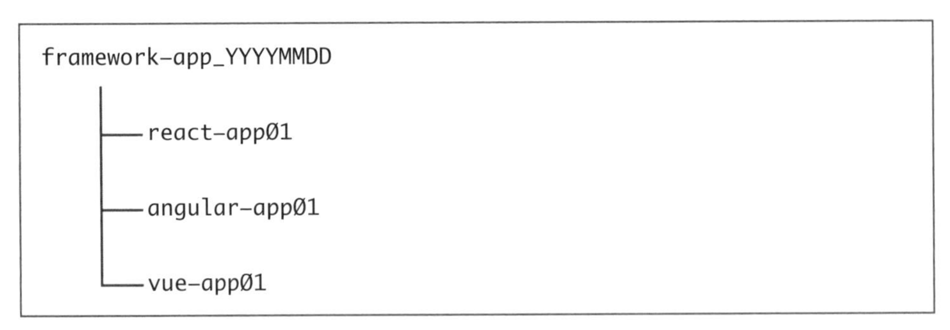

図5-11 7zipファイル展開後のフォルダ構造

1) アプリのフォルダ構造 (React)

Reactで実装したto-doリストアプリは、react-app01フォルダに実装されています。このフォルダを開くと、ルートコンポーネント(src¥App.js)、to-doリストを表示するListコンポーネント (src¥ListComp.jsx)、to-doを追加/編集するDialogコンポーネント (src¥DialogComp.jsx) という計3個のコンポーネントが定義されています (図5-12)。なお、ListコンポーネントとDialogコンポーネントは、ルートコンポーネントの子コンポーネントとして動作しますので、コンポーネントの構造は図5-13になります。

```
│   package-lock.json
│   package.json
│
├──node_modules
│
├──public
│       favicon.ico
│       index.html      //index.htmlテンプレート
│
¥──src
        App.css          //コンポーネント共通のスタイル
        App.js           //ルートコンポーネント
        DialogComp.jsx //Dialogコンポーネント
        index.js         //エントリーポイント
        ListComp.jsx   //Listコンポーネント
```

図5-12 react-app01フォルダの構造

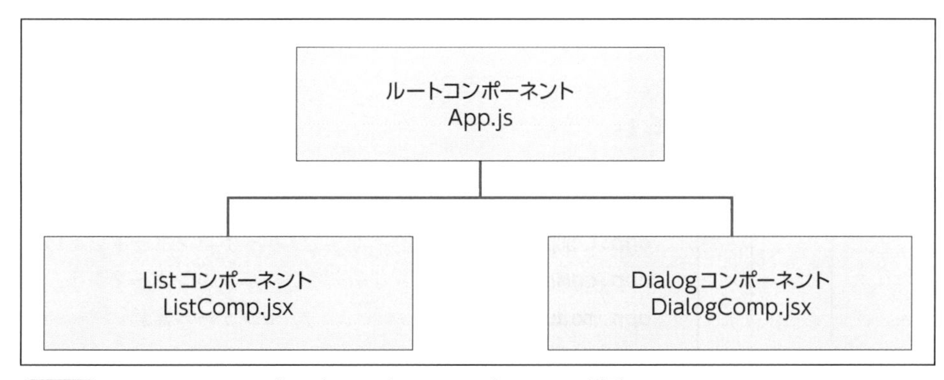

図5-13 to-doリストアプリ (React) のコンポーネント構造

2) アプリのフォルダ構造（Angular）

Angularで実装したto-doリストアプリは、Angular-app01フォルダに実装されています。このフォルダを開くと、ルートコンポーネント（src¥app¥app.component.html、src¥app¥app.component.ts）、to-doリストを表示するListコンポーネント（src¥app¥list¥list.component.html、src¥app¥list¥list.component.ts）、to-doを追加/編集するDialogコンポーネント （src¥app¥dialog¥dialog.component.html、src¥app¥dialog¥dialog.component.ts）という計3個のコンポーネントが定義されています （図5-14）。なお、ListコンポーネントとDialogコンポーネントは、ルートコンポーネントの子コンポーネントとして動作しますので、コンポーネントの構造は図5-15になります。

また、Angularではコンポーネントごとにスタイル定義ファイルを実装可能ですが、ここではコンポーネント共通のスタイル定義（src¥styles.css）にまとめています。

```
│    angular.json
│    karma.conf.js
│    package-lock.json
│    package.json
│    tsconfig.app.json
│    tsconfig.json
│    tsconfig.spec.json
│
├──node_modules
│
¥──src
    │    favicon.ico
    │    index.html                //index.htmlテンプレート
    │    main.ts                   //エントリーポイント
    │    polyfills.ts
    │    styles.css                //コンポーネント共通のスタイル
    │    test.ts
    │
    ├──app
    │   │    app.component.html    //ルートコンポーネント(テンプレート)
    │   │    app.component.ts      //ルートコンポーネント(クラス)
    │   │    app.module.ts         //モジュール定義
    │   │
```

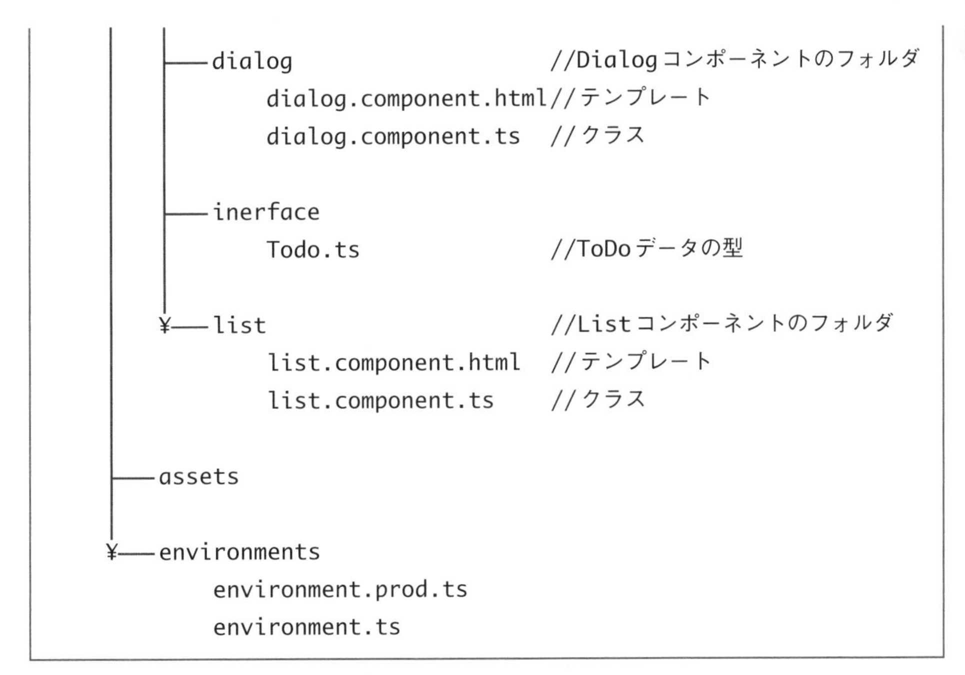

```
│     │
│     ├──dialog                    //Dialogコンポーネントのフォルダ
│     │      dialog.component.html//テンプレート
│     │      dialog.component.ts   //クラス
│     │
│     ├──inerface
│     │      Todo.ts               //ToDoデータの型
│     │
│     ¥──list                      //Listコンポーネントのフォルダ
│            list.component.html   //テンプレート
│            list.component.ts     //クラス
│
├──assets
│
¥──environments
       environment.prod.ts
       environment.ts
```

図5-14 angular-app01 フォルダ

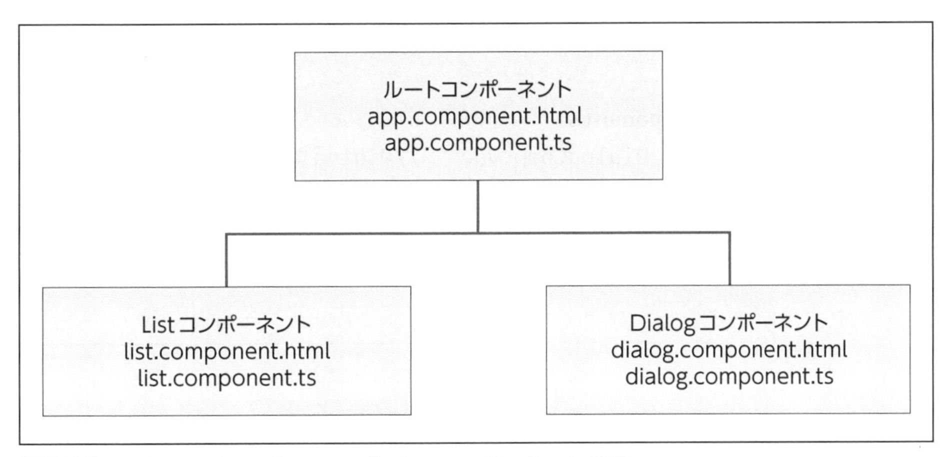

図5-15 to-do リストアプリ(Angular)のコンポーネント構造

3) アプリのフォルダ構造(Vue.js)

Vue.jsで実装したto-doリストアプリは、vue-app01フォルダに実装されています。このフォルダを開くと、ルートコンポーネント(src¥App.vue)、to-doリストを表示するListコンポーネント(src¥components¥ListComp.vue)、to-doを追加/編集するDialogコンポーネント(src¥components¥DialogComp.vue)という計3個のコン

ポーネントが定義されています （図5-16)。なお、ListコンポーネントとDialogコンポーネントは、ルートコンポーネントの子コンポーネントとして動作しますので、コンポーネントの構造は図5-17になります。

また、Vue.jsではコンポーネントごとにスタイル定義が可能ですが、ここではルートコンポーネントに共通のスタイル定義（src¥styles.css）をしています。

```
│   index.html                  //index.htmlテンプレート
│   package-lock.json
│   package.json
│   vite.config.js
│
├──node_modules
│
├──public
│       favicon.ico
│
¥──src
    │   App.vue                 //ルートコンポーネント
    │   main.js                 //エントリーポイント
    │   styles.css              //コンポーネント共通のスタイル
    │
    ¥──components
            DialogComp.vue      //Dialogコンポーネント
            ListComp.vue        //Listコンポーネント
```

図5-16 vue--app01 フォルダ

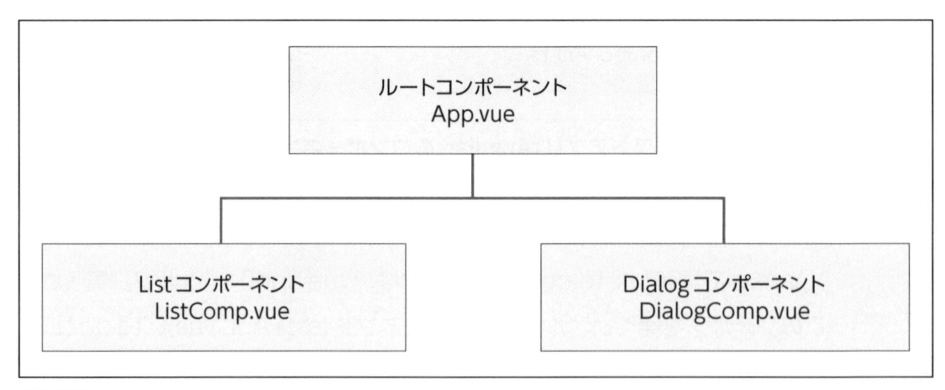

図5-17 to-doリストアプリ (Vue.js)のコンポーネント構造

5-2-3 アプリの動作確認

1) to-doリストアプリの起動(React)

コマンドプロンプトを開き、カレントディレクトリを以下に移動します。

framework-app_YYYYMMDD¥react-app01¥

コマンドプロンプトへ、リスト5-1のコマンドを入力します。

リスト5-1 Reactアプリの起動コマンド

```
npm run react-app
```

しばらくするとブラウザが起動し、to-do リストアプリが表示されますので、動作確認を行います。

アプリを終了するには、コマンドプロンプトを閉じます。

2) to-doリストアプリの起動(Angular)

コマンドプロンプトを開き、カレントディレクトリを以下に移動します。

framework-app_YYYYMMDD¥angular-app01¥

コマンドプロンプトへ、リスト5-2のコマンドを入力します。

リスト5-2 Angularアプリの起動コマンド

```
npm run angular-app
```

しばらくするとブラウザが起動し、to-doリストアプリが表示されますので、動作確認を行います。

アプリを終了するには、コマンドプロンプトを閉じます。

3) to-doリストアプリの起動(Vue.js)

コマンドプロンプトを開き、カレントディレクトリを以下に移動します。

framework-app_YYYYMMDD¥vue-app01¥

コマンドプロンプトへ、リスト5-3のコマンドを入力します。

リスト5-3 Vue.jsアプリの起動コマンド

```
npm run vue-app
```

しばらくするとブラウザが起動し、to-doリストアプリが表示されますので、動作確認を行います。

アプリを終了するには、コマンドプロンプトを閉じます。

5-3 to-doリストアプリの内部構造

フレームワークごとに実装コードは異なりますが、アプリの内部構造は共通です。

5-3-1 コンポーネントの構成

to-doリストアプリは、ルートコンポーネント、List コンポーネント、Dialogコンポーネント、計3つのコンポーネントから構成されています。そして、Listコンポーネント、Dialogコンポーネントはルートコンポーネントの子コンポーネントとして定義されています（図5-18）。ルートコンポーネントは、これらの子コンポーネントの表示・非表示を切り替え、いずれか一方を表示します。

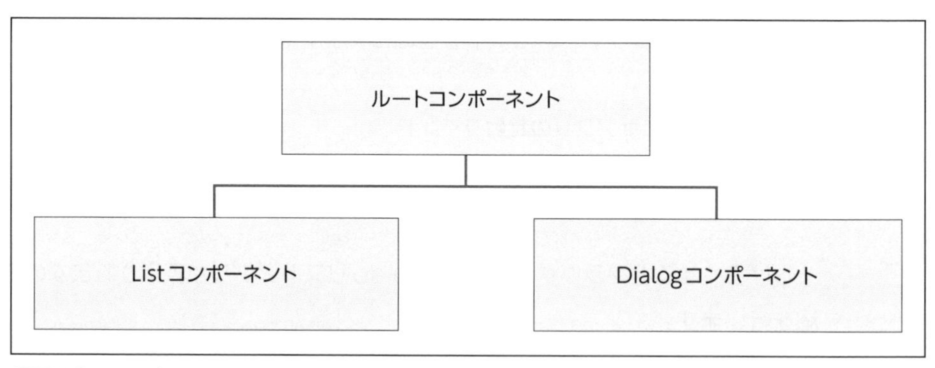

図5-18 コンポーネントの親子関係

それぞれのコンポーネントの表示エリアは、図5-19になります。なお、Dialogコンポーネントは、to-doを追加するときと編集するときで表示内容が異なります。このように、ルートコンポーネントを土台として、2つの子コンポーネントの表示を切り替えて「シンプルなSPA」を実現しています。

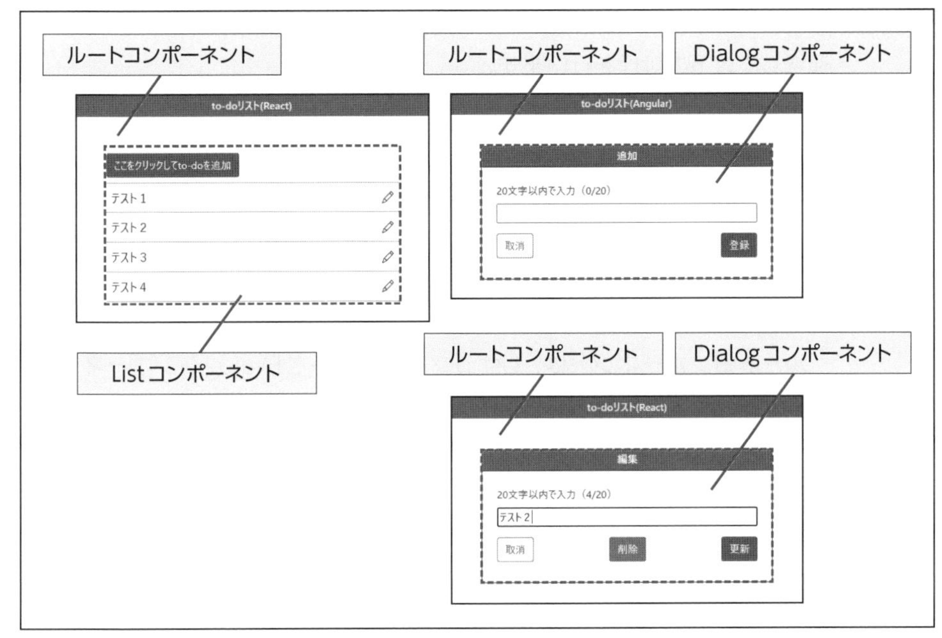

図5-19 コンポーネントの表示エリア（左上：to-doリスト表示、右上：to-do追加、右下：to-do編集）

5-3-2 コンポーネントごとの役割分担

コンポーネントごとの表示を確認できましたので、次は、コンポーネントごとの役割分担を解説します（図5-20）。

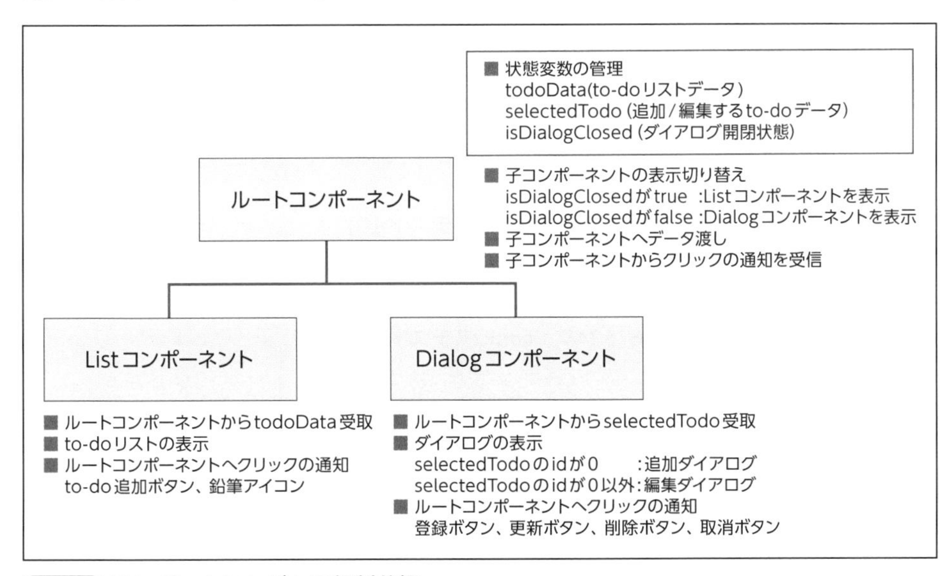

図5-20 コンポーネントごとの役割分担

図5-20にはコンポーネントごとの細かな機能を記述していますが、これらの機能が連携して以下の処理を行います。

1) 状態管理

to-doリストアプリを、ルートコンポーネントに定義された3つの状態変数（todoData,selectedTodo,isDiglogClosed）で集中管理します（図5-20青枠部分）。

2) 親から子への連携

ルートコンポーネントは、ListコンポーネントとDialogコンポーネントへ、表示に必要なデータを渡します。

3) 子から親への連携

ListコンポーネントとDialogコンポーネントは、ルートコンポーネントへユーザー操作（ボタンのクリック）を通知します。

5-3-3 状態変数の構造

ルートコンポーネントが集中管理する、3つの状態変数のデータ構造について解説します。

1) todoData (to-doリストデータ)

状態変数todoDataは、to-doリストのデータを保持します。図5-21のようなオブジェクトの配列になっています。idはto-do登録時のUNIX時間、taskはto-doリストに表示する任意の文字列です。to-doリストの表示に利用されます。

```
[
  {id:1659013616567, task:"テスト1"},
  {id:1659013645221, task:"テスト2"},
  {id:1659013655331, task:"テスト3"},
  {id:1659013675245, task:"テスト4"}
]
```

図5-21 todoDataの例（オブジェクトの配列）

たとえば、状態変数todoDataの値が図5-21の場合、図5-22のto-doリストが表示されます。

to-doリスト(React)

ここをクリックしてto-doを追加

テスト1

テスト2

テスト3

テスト4

図5-22 to-doリスト表示例

2) selectedTodo（追加・編集するto-doデータ）

状態変数selectedTodoは、追加または編集するto-doリスト1件分のデータを保持します。

・追加する場合

図5-23のオブジェクトが保持されます。id=0は、to-doが未登録（新規作成してto-doリストに追加）であることを表しています。ルートコンポーネントが、to-doリスト画面で［ここをクリックしてto-doを追加］ボタンがクリックされた通知を受けて、selectedTodoの値を代入します。

```
{id:0, task:""}
```

図5-23 selectedTodoの値（追加）

・編集する場合

図5-24のようなオブジェクトが保持されます。これは、図5-14のto-doリストで2番目のデータを、編集する場合の例です。ルートコンポーネントが、to-doリスト画面で鉛筆アイコンがクリックされた通知を受けて、selectedTodoの値を代入します。

```
{id:1659013645221, task:"テスト2"}
```

図5-24 selectedTodoの例（編集）

3) isDialogClosed（ダイアログ開閉状態）

状態変数isDialogClosedは、ダイアログ開閉状態を真偽値（trueまたはfalse）で保持します。

- ・trueのとき
  to-doリストが表示され、ダイアログは非表示です。
- ・falseのとき
  ダイアログが表示され、to-doリストは非表示です。

5-3-4 処理フロー概要

to-doリストアプリは、ボタンのクリックに応じて処理を進めます(図5-25)。背景色が水色の四角は、クリックされるボタンを表しています。

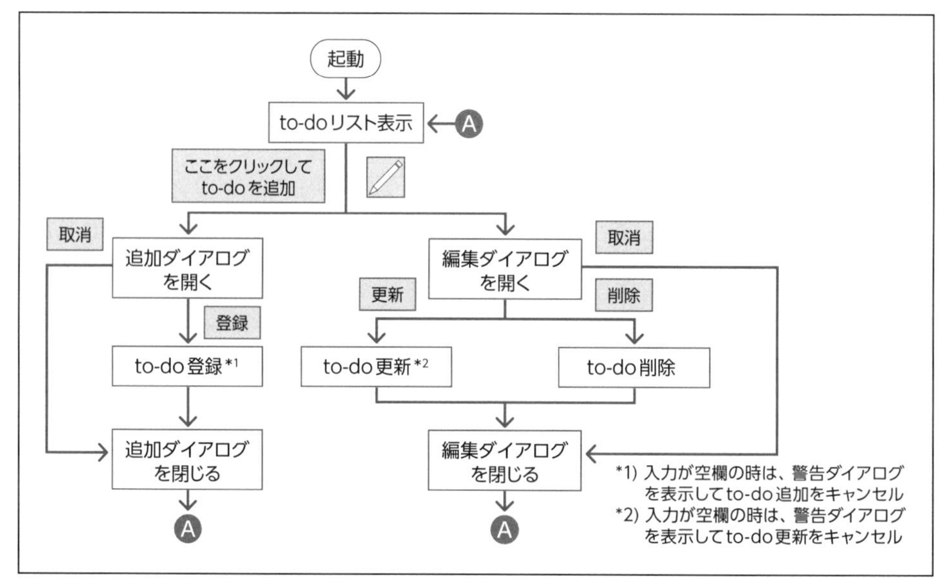

図5-25 to-doリストの処理フロー

5-3-5 コンポーネント連携(親から子へのデータ渡し)

親から子へのプロパティ経由のデータ渡しの詳細は、「4-2-9 子コンポーネントへデータ渡し(サンプル#9)」を参照してください。

1) ルートコンポーネント → Listコンポーネント

- ルートコンポーネントは、Listコンポーネントへ状態変数todoDataの値をプロパティ経由で渡します。
- Listコンポーネントは、todoDataを受け取り、to-doリストを表示します。

※この連携の実装コードはフレームワークごとに異なります。

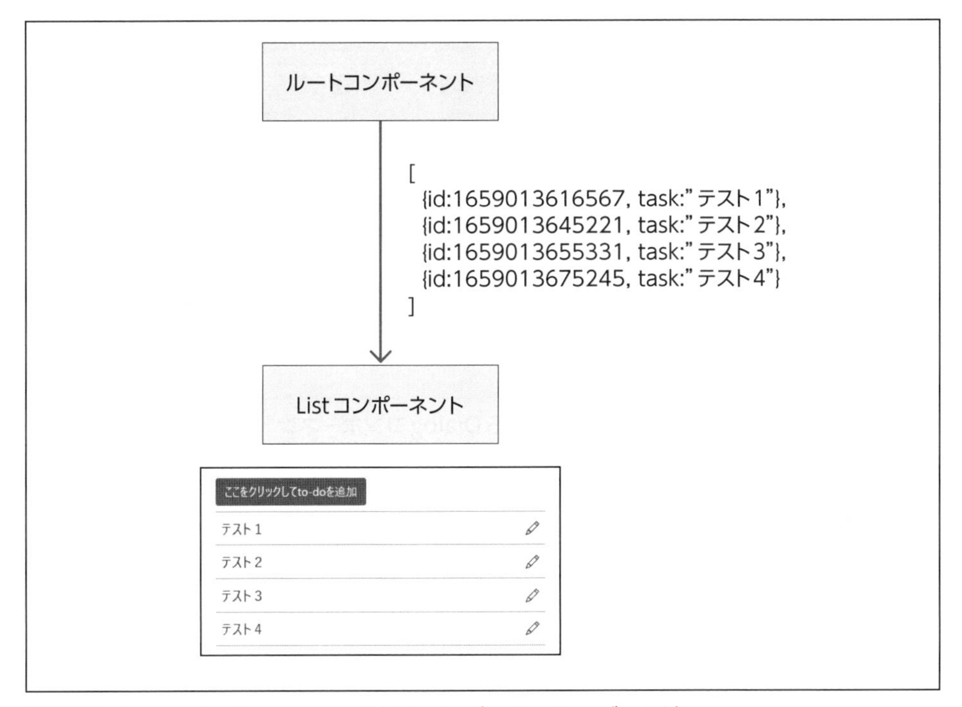

図5-26 ルートコンポーネントからListコンポーネントへデータ渡し

2) ルートコンポーネント → Dialogコンポーネント

- ルートコンポーネントは、Dialogコンポーネントへ状態変数selectedTodoの値をプロパティ経由で渡します。
- Dialogコンポーネントは、selectedTodoを受け取ります。selectedTodoのidが0のときは、to-doの新規作成と判定し追加ダイアログを表示します。idが0以外の時は、受け取ったデータを使って編集ダイアログを表示します。

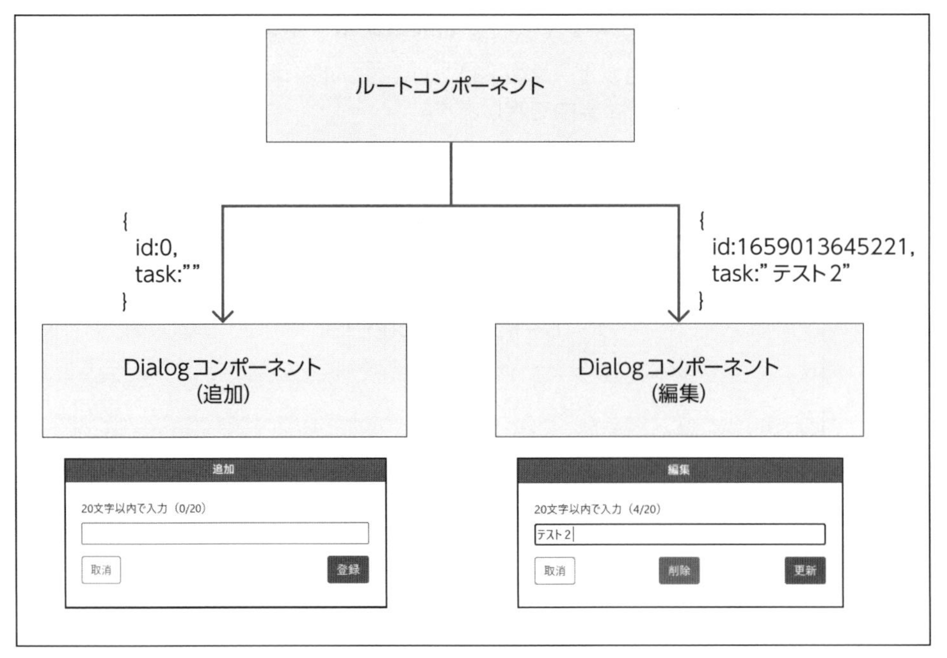

図5-27 ルートコンポーネントからDialogコンポーネントへデータ渡し

5-3-6 コンポーネント連携（イベント処理）

ボタンのクリック処理は、複数のコンポーネントが連携して、ルートコンポーネントの状態変数の値を書き替え、画面切り替えを行います。ここでは、それら連携の処理の流れをイベントごとにフローチャートにまとめました（図5-28～図5-33）。

なお、コンポーネントの連携には、既に解説した親→子コンポーネントへのデータ渡しに加えて、それとは逆方向の子→親コンポーネントへの通知が含まれます。データ渡しと通知の方法は、フレームワークごとに実装方法が異なりますので、「5.4 to-doリストアプリのコード比較」で解説します。

1) to-do追加ボタンのクリック

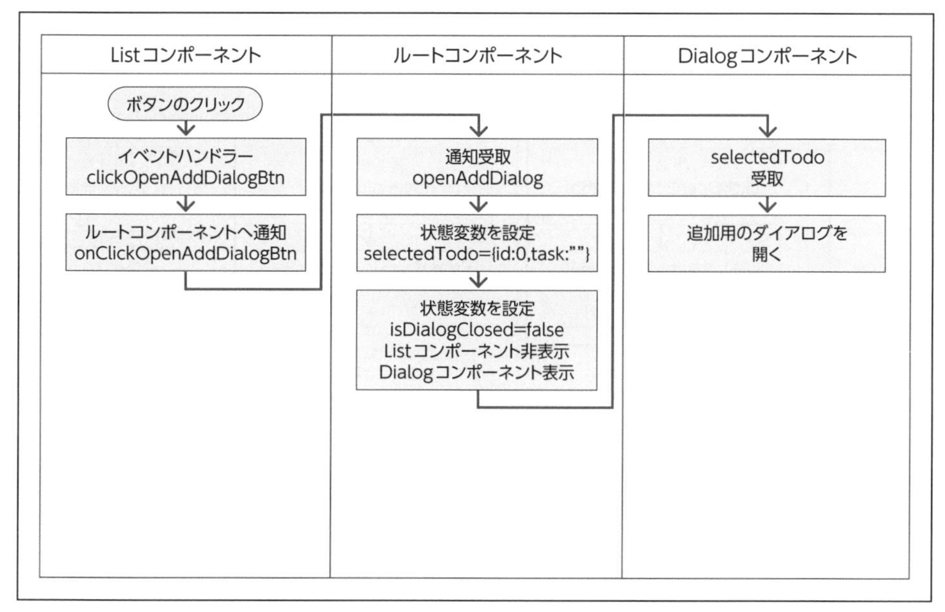

図5-28 to-do追加ボタンをクリックしたときの処理の流れ

1-1) Listコンポーネント

- ［ここをクリックしてto-doを追加］ボタンがクリックされたことを、ルートコンポーネントへ通知します。

1-2) ルートコンポーネント

- Listコンポーネントから、通知を受信します。
- 状態変数selectedTodoに{id:0, task:""}を代入します。
- 状態変数isDialogClosedにfalseを代入します。
- Listコンポーネントの代わりに、Dialogコンポーネントが表示されます。

1-3) Dialogコンポーネント

- ルートコンポーネントからselectedTodoを受け取ります。
- selectedTodoのidが0なので新規追加と判定し、to-do追加用のダイアログを開きます。

2) 鉛筆アイコンのクリック

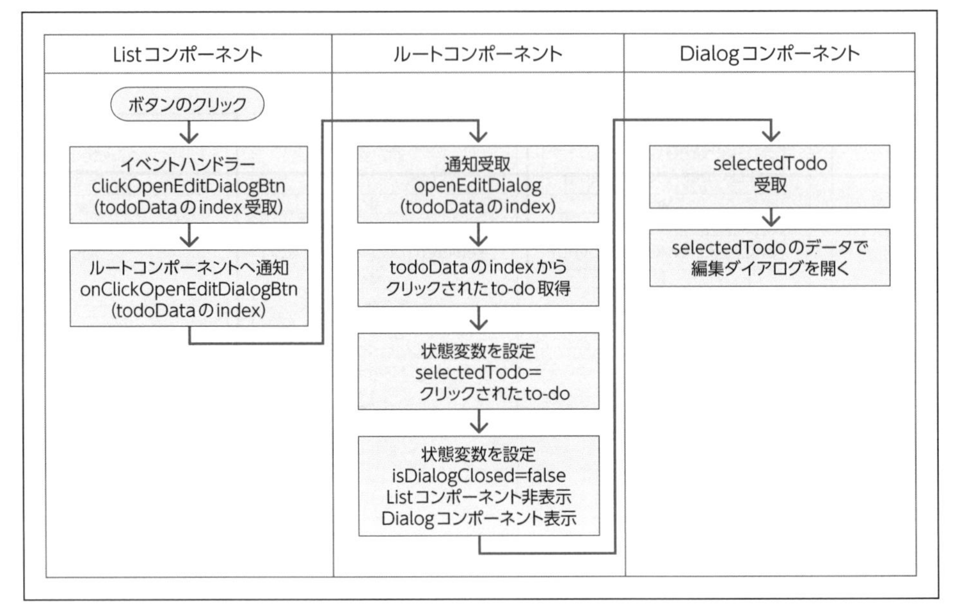

図5-29 鉛筆アイコンをクリックしたときの処理の流れ

2-1) Listコンポーネント

- 鉛筆アイコンがクリックされたことを、ルートコンポーネントへ通知します。通知時に、クリックしたtodoDataの配列インデックスを渡します。

2-2) ルートコンポーネント

- Listコンポーネントから、通知とtodoDataの配列インデックスを受け取ります。たとえば、to-doリストの2番目がクリックされたときは、配列インデックスが0から始まるため、1が渡されます。
- 配列インデックスを元に、クリックされたto-doデータを取得します。たとえば、Listコンポーネントへ以下のtodoDataを渡している場合、
  [
  {id:1659013616567, task:"テスト1"},
  {id:1659013645221, task:"テスト2"},
  {id:1659013655331, task:"テスト3"}
  ]
  配列インデックス=1で、次のto-doデータが取得できます。
  {id:1659013645221, task:"テスト2"}。
- 状態変数selectedTodoに、クリックされたto-doデータを代入します。
- 状態変数isDialogClosedに、falseを代入します。
- Listコンポーネントの代わりに、Dialogコンポーネントが表示されます。

2-3）Dialogコンポーネント

- ルートコンポーネントから、selectedTodoを受け取ります。
- to-do編集用のダイアログを開きます。
- 入力欄に、selectedTodo.taskの文字列（タスク1、タスク2など）を表示します。

3) to-do [登録] ボタンのクリック

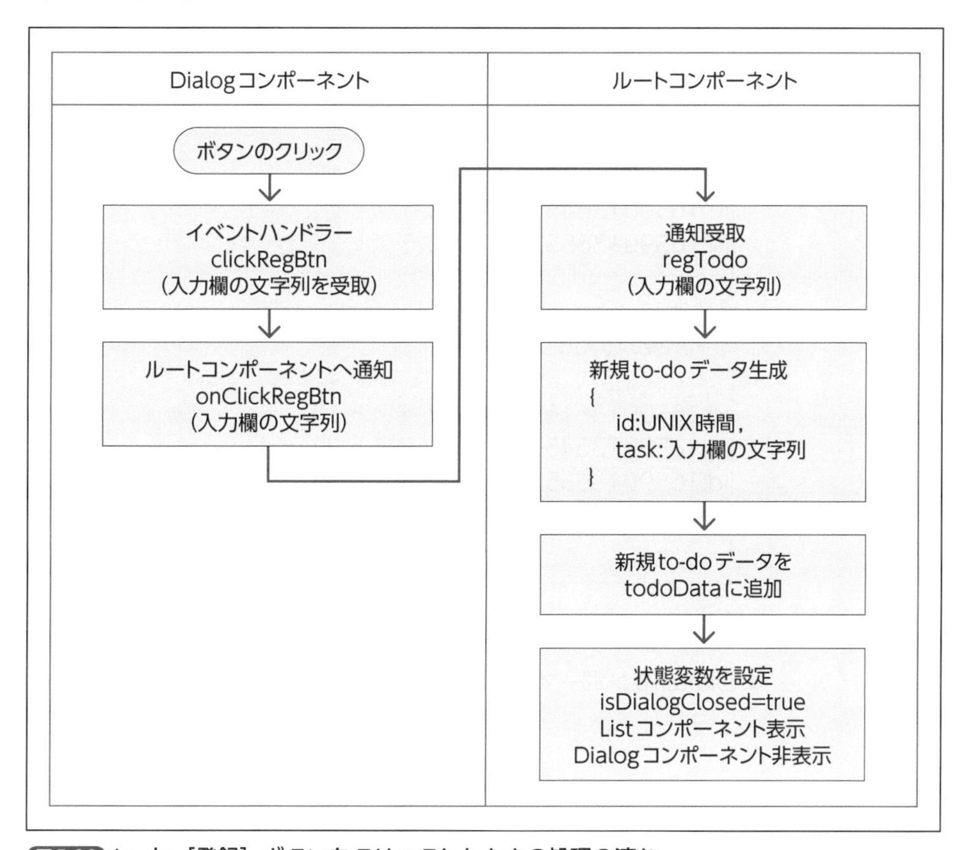

図5-30 to-do［登録］ボタンをクリックしたときの処理の流れ

3-1）Dialogコンポーネント

- ［登録］ボタンがクリックされたことを、ルートコンポーネントへ通知します。通知時に、入力欄にユーザーがタイプした文字列を渡します。

3-2）ルートコンポーネント

- Dialogコンポーネントから、通知と入力欄の文字列を受信します。

- 登録するto-doデータを生成します。idはUNIX時間、taskは入力欄の文字列を使用します。
  たとえば、文字列として「タスク９９」が渡された場合、次のようなto-doデータを生成します。
  {id:1659013675222, task:"タスク99"}
- 状態変数todoDataの配列末尾に、生成したto-doデータを追加します。
  たとえば、以下のような処理を行います。
  ーーーーーーーーーーーーーーーーーーーーー
  ①追加データ
  {id:1659013675222, task:"タスク99"}

  ②追加前のtodoData
  [
  {id:1659013616567, task:"テスト1"},
  {id:1659013645221, task:"テスト2"},
  {id:1659013655331, task:"テスト3"}
  ]

  ③追加後のtodoData
  [
  {id:1659013616567, task:"テスト1"},
  {id:1659013645221, task:"テスト2"},
  {id:1659013655331, task:"テスト3"},
  {id:1659013675222, task:"タスク99"}
  ]
  ーーーーーーーーーーーーーーーーーーー
- 状態変数isDialogClosedにtrueを代入します。
- Dialogコンポーネントの代わりに、Listコンポーネントが表示されます。

4) to-do [更新] ボタンのクリック

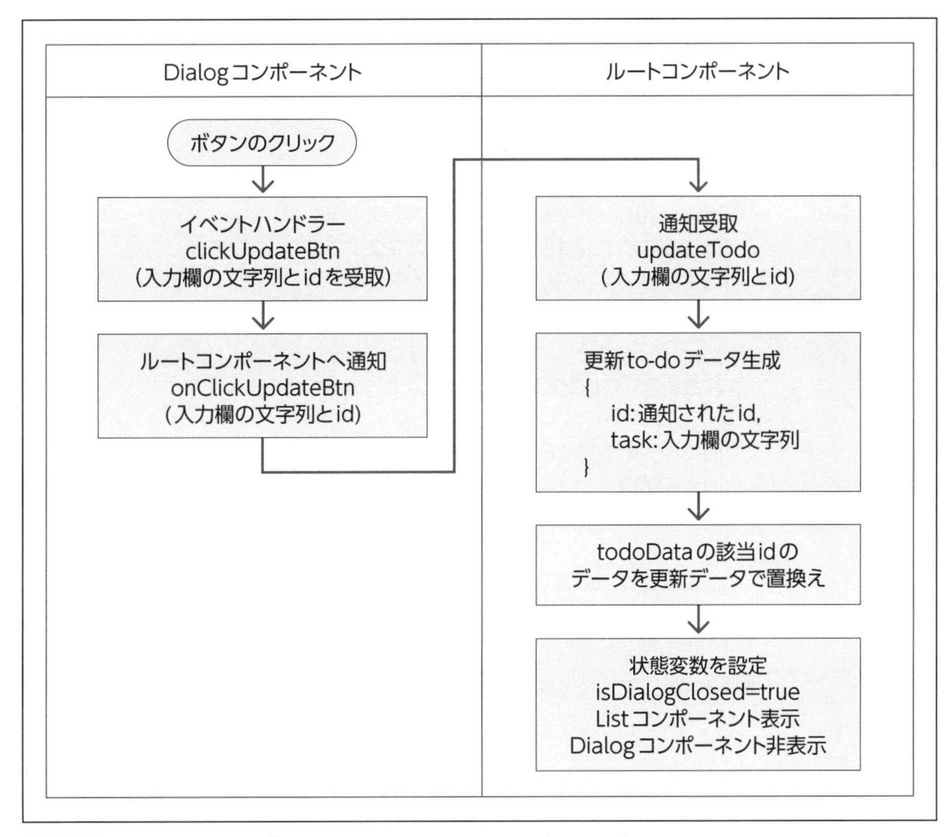

図5-31 to-do［更新］ボタンをクリックしたときの処理の流れ

4-1）Dialogコンポーネント

- ［更新］ ボタンがクリックされたことをルートコンポーネントへ通知します。通知時に、selectedTodo.idと入力欄の文字列を渡します。

4-2）ルートコンポーネント

- Dialogコンポーネントから通知とselectedTodo.idと入力欄の文字列を受信します。
- 受信したidと入力欄の文字列で更新用のto-doデータを生成します。
  たとえば、idに「1659013645221」文字列に「テスト２更新」が渡された場合、次のようなto-doデータを生成します。
  {id:1659013645221, task:"テスト２更新"}
- 状態変数todoDataから該当するidのデータを更新用のto-doに置き換えます。

たとえば、以下のような処理を行います。
―――――――――――――――――――
①更新データ
{id:1659013645221, task:"テスト2更新"}

②更新前のtodoData
[
{id:1659013616567, task:"テスト1"},
{id:1659013645221, task:"テスト2"},
{id:1659013655331, task:"テスト3"}
]

③更新後のtodoData
[
{id:1659013616567, task:"テスト1"},
{id:1659013645221, task:"テスト2更新"},
{id:1659013655331, task:"テスト3"}
]
―――――――――――――――――――

- 状態変数isDialogClosedにtrueを代入します。
- Dialogコンポーネントの代わりに、Listコンポーネントが表示されます。

5) to-do [削除] ボタンのクリック

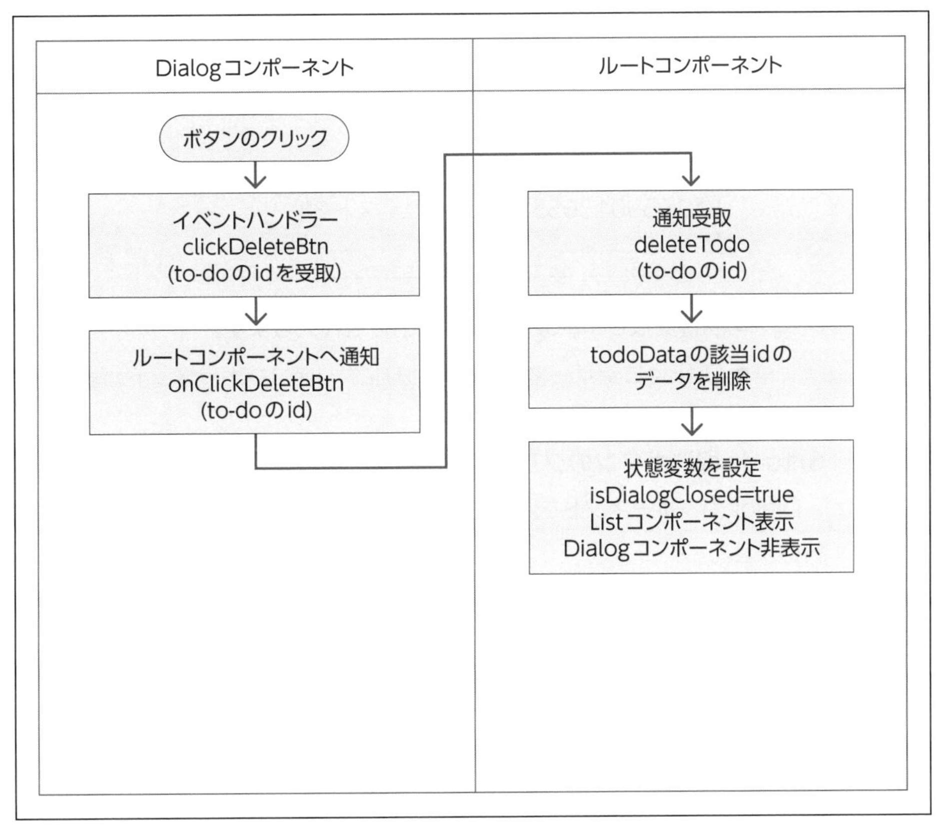

図5-32 to-do ［削除］ ボタンをクリックしたときの処理の流れ

5-1）Dialogコンポーネント

- [削除] ボタンがクリックされたことを、ルートコンポーネントへ通知します。
  通知時に、selectedTodoのidを渡します。

5-2）ルートコンポーネント

- Dialogコンポーネントから通知とto-doのidを受信します。
- 状態変数todoDataから該当するidのデータを削除します。
  たとえば、以下のような処理を行います。
  ――――――――――――――――――――――――
  ①削除するデータのid
  id=1659013645221

  ②削除前のtodoData
  [
  {id:1659013616567, task:"テスト1"},

{id:1659013645221, task:"テスト2"},
{id:1659013655331, task:"テスト3"}
]

③削除後のtodoData
[
{id:1659013616567, task:"テスト1"},
{id:1659013655331, task:"テスト3"}
]
————————————————————

- 状態変数isDialogClosedにtrueを代入します。
- Dialogコンポーネントの代わりに、Listコンポーネントが表示されます。

6) to-do取消ボタンのクリック

Dialogコンポーネントを閉じて、to-doリストを表示します。to-doデータの処理は行いません。

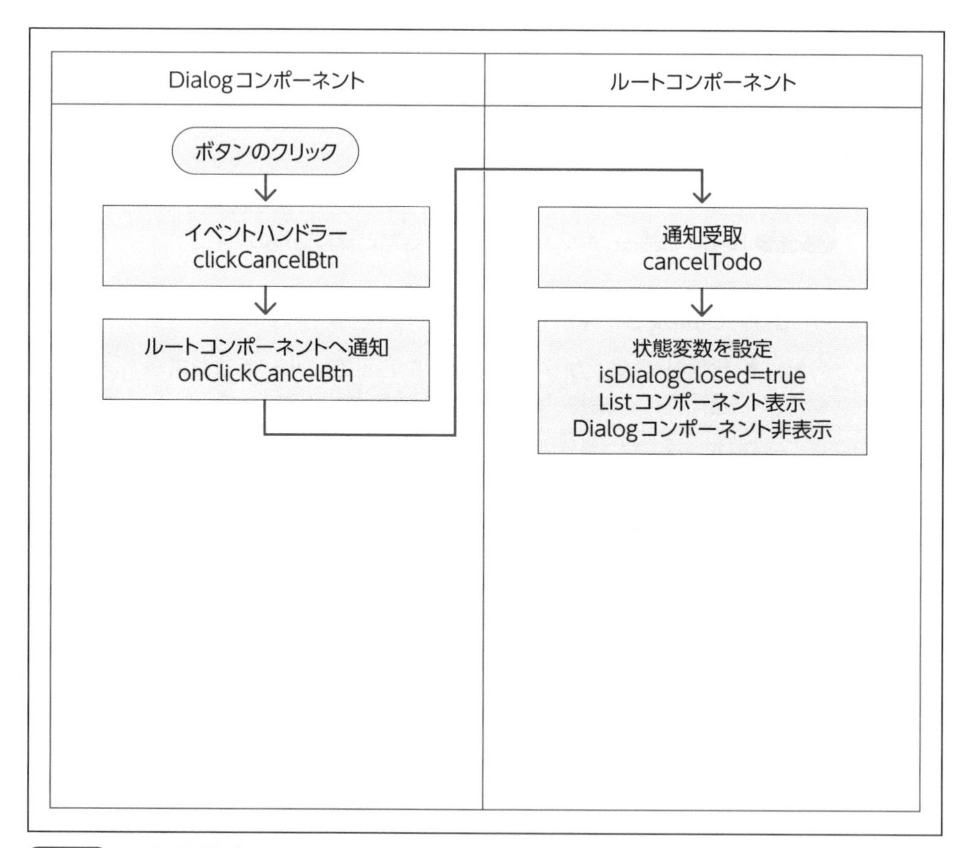

図5-33 to-do取消ボタンをクリックしたときの処理の流れ

6-1）Dialogコンポーネント

● 取消ボタンがクリックされたことを、ルートコンポーネントへ通知します。

6-2）ルートコンポーネント

● Dialogコンポーネントから通知を受信します。
● 状態変数isDialogClosedにtrueを代入します。
● Dialogコンポーネントの代わりに、Listコンポーネントが表示されます。

5-3-7 to-doリストアプリ内部構造のまとめ

1) アプリは、ルートコンポーネントと2つの子コンポーネント（ListコンポーネントとDialogコンポーネント）で構成されている。

2) アプリ全体の状態管理は、ルートコンポーネントが持つ、以下の3つの状態変数を使って行う。

1.todoData
to-doリストのデータ（オブジェクトの配列）

2.selectedTodo
追加または編集するto-doリスト1件分のデータ（オブジェクト）

3.isDialogClosed
ダイアログ開閉状態（真偽値）

3) アプリは、マウスのクリックに応じたイベント処理を、3つのコンポーネントが連携して行う。

4) コンポーネントの連携には、親→子コンポーネントへのデータ渡しと、子→親コンポーネントへの通知がある。

5-4 to-doリストアプリのコード比較

コードを読む前に「5-3　to-doリストアプリの内部構造」を確認して、アプリ内部の仕組みを把握しておいてください。

5-4-1　コンポーネント連携のコード (React)

まず、ルートコンポーネントと2つの子コンポーネント（Listコンポーネントと Dialogコンポーネント）が連携するコードを解説します。コンポーネントごとのコード解説は、この後に続く「5-4-2　ルートコンポーネントのコード（React）」～「5-4-4 Dialogコンポーネントのコード（React）」を参照してください。

1) 連携の全体像 (図5-34)

①全体の状態管理はルートコンポーネントの状態変数で行います。

②ルートコンポーネントは、子コンポーネントのプロパティを経由して、状態変数の値や通知用の関数を渡します。

③子コンポーネントは、通知用の関数を使ってルートコンポーネントへ通知を送ります。

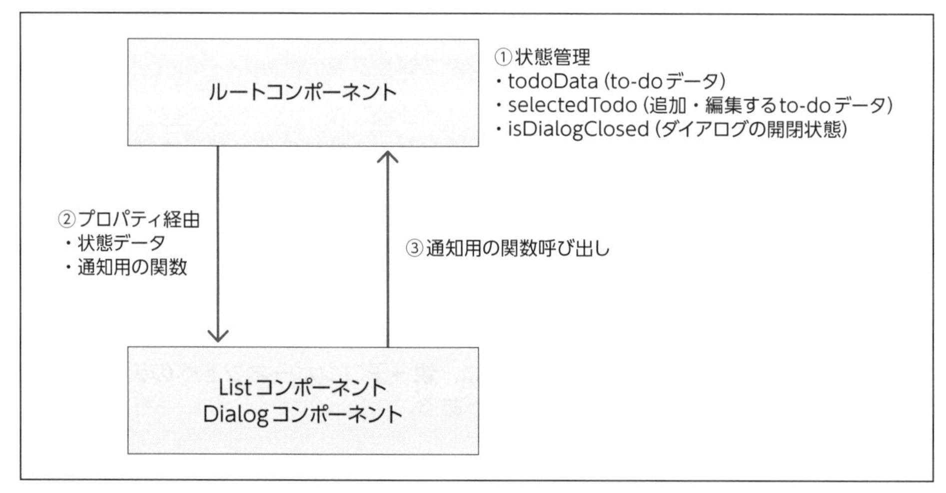

図5-34 親子コンポーネントの連携

2) 状態管理

状態変数を定義するには、useState（初期値）関数を利用します（リスト5-4）。

リスト5-4 状態変数定義のコード（App.js）

```
//状態変数の定義
const [todoData, setTodoData] = useState([]);
```

```
const [selectedTodo, setSelectedTodo] =
  useState({id: 0, task: ""});
const [isDialogClosed, setIsDialogClosed] = useState(true);
```

3) ルート→Listコンポーネントへのデータ渡し

ルートコンポーネント側でListコンポーネントのプロパティを追加、そのプロパティを経由して、Listコンポーネントはデータ（todoData）を受け取ります。

▶ルートコンポーネント側の実装（App.js）

ルートコンポーネントのJSXによるListコンポーネント呼び出し時、ListCompに「todoData」というプロパティを設定し、そのプロパティに状態変数todoDataをバインドします（リストx-x）。

リスト5-5 ListCompのプロパティに状態変数todoDataをバインド（App.js）

```
<ListComp
  todoData={todoData}
```

▶Listコンポーネント側の実装（ListComp.jsx）

Listコンポーネント定義関数（ListComp）の引数(props)から、ルートコンポーネントで設定済のtodoDataプロパティの値を受け取ります（リスト5-6）。受け取ったデータは、to-doリストとして表示します。

リスト5-6 コンポーネント定義関数の引数からプロパティの値を取得（ListComp.jsx）

```
function ListComp(props) {
（省略）
  <table className="my-table">
    <tbody>
      {props.todoData.map((item, index) => {
```

4) ルート→Dialogコンポーネントへのデータ渡し

ルートコンポーネント側でDialogコンポーネントのプロパティを追加、そのプロパティを経由して、Dialogコンポーネントはデータ（selectedTodo）を受け取ります。

▶ルートコンポーネント側の実装（App.js）

ルートコンポーネントのJSXによるDialogコンポーネント呼び出し時、DialogCompに「selectedTodo」というプロパティを設定し、そのプロパティに状態変数selectedTodoをバインドします（リスト5-7）。

リスト5-7 DialogCompのプロパティに状態変数selectedTodoをバインド（App.js）

```
<DialogComp
 selectedTodo={selectedTodo}
```

▶Dialogコンポーネント側の実装（DialogComp.jsx）

コンポーネント定義関数（DialogComp）の引数（props）からルートコンポーネントで設定済のselectedTodoプロパティの値を受け取ります。受け取ったデータはDialogの入力欄の文字列として表示します（リスト5-8）。

リスト5-8 コンポーネント定義関数の引数からプロパティの値を取得（DialogComp.jsx）

```
function DialogComp(props) {
  //入力欄とデータバインドする状態変数
  const [inputStr, setInputStr] =
    useState(props.selectedTodo.task);
```

5) List→ルートコンポーネントへの通知

ルートコンポーネント側でListコンポーネントのプロパティを追加、そのプロパティを経由して、Listコンポーネントは通知用の関数を受け取ります。

▶ルートコンポーネント側の実装（App.js）

ルートコンポーネントのJSXによるListコンポーネント呼び出し時に、ListCompに以下のプロパティ（表5-1）を設定します（リスト5-9の青文字部分）。

表5-1 ListCompに設定するプロパティ

設定するプロパティ	代入する関数
onClickOpenAddDialogBtn	openAddDialog
onClickOpenEditDialogBtn	openEditDialog

リスト5-9 ListCompのプロパティに関数を代入（App.js）

```
<ListComp
  todoData={todoData}
  onClickOpenAddDialogBtn={openAddDialog}
  onClickOpenEditDialogBtn={openEditDialog}>
```

▶ Listコンポーネント側の実装（ListComp.jsx）

Listコンポーネント定義関数（ListComp）の引数(props)から、プロパティの値を受け取ります（リスト5-10）。受け取った関数使って、Listコンポーネントでのクリックをルートコンポーネントへ通知します（表5-2）。

リスト5-10 コンポーネント定義関数の引数からプロパティの値を取得（ListComp.jsx）

```
function ListComp(props) {
 //to-do追加ボタンのクリックをルートコンポーネントへ通知
 const clickOpenAddDialogBtn = () => {
   props.onClickOpenAddDialogBtn();
 // 鉛筆アイコンのクリックをルートコンポーネントへ通知
 const clickOpenEditDialogBtn = (index) => {
   props.onClickOpenEditDialogBtn(index);
```

表5-2 Listコンポーネントからルートコンポーネントの関数呼び出し

取得するプロパティ	呼びだすルートコンポーネントの関数
props.onClickOpenAddDialogBtn	openAddDialog
props.onClickOpenEditDialogBtn	openEditDialog

6) Dialog→ルートコンポーネントへの通知

ルートコンポーネント側でDialogコンポーネントのプロパティを追加、そのプロパティを経由して、Dialogコンポーネントは通知用の関数を受け取ります。

▶ ルートコンポーネント側の実装（App.js）

ルートコンポーネントのJSXによるDialogコンポーネント呼び出し時に、DialogCompに以下のプロパティ（表5-3）を設定します（リスト5-11の青文字部分）。

表5-3 DialogCompに設定するプロパティ

設定するプロパティ	代入する関数
onClickRegBtn	regTodo
onClickUpdateBtn	updateTodo
onClickDeleteBtn	deleteTodo
onClickCancelBtn	cancelChange

リスト5-11 DialogCompのプロパティに関数を代入（App.js）

```
<DialogComp
  selectedTodo={selectedTodo}
  onClickRegBtn={regTodo}
  onClickUpdateBtn={updateTodo}
  onClickDeleteBtn={deleteTodo}
  onClickCancelBtn={cancelChange}>
```

▶Dialogコンポーネント側の実装(DialogComp.jsx)

Dialogコンポーネント定義関数（DialogComp）の引数(props)から、プロパティの値を受け取ります（リスト5-12)。受け取った関数を使って、Dialogコンポーネントでのクリックをルートコンポーネントへ通知します（表5-4)。

リスト5-12 コンポーネント定義関数の引数からプロパティの値を取得（DialogComp.jsx）

```
function DialogComp(props) {
(省略)
  //to-do登録ボタンクリックの通知
  const clickRegBtn = () => {
    if (isCheckEmpty(inputStr)) return;
    props.onClickRegBtn(inputStr);
(省略)
  //to-do更新ボタンクリックの通知
  const clickUpdateBtn = () => {
    if (isCheckEmpty(inputStr)) return;
    props.onClickUpdateBtn(
(省略)
```

```
  //to-do削除ボタンクリックの通知
  const clickDeleteBtn = () => {
    props.onClickDeleteBtn(props.selectedTodo.id);
（省略）
  //to-do取消ボタンクリックの通知
  const clickCancelBtn = () => {
    props.onClickCancelBtn();
```

表5-4 Dialogコンポーネントからルートコンポーネントの関数呼び出し

取得するプロパティ	呼びだすルートコンポーネントの関数
props.onClickRegBtn	regTodo
props.onClickUpdateBtn	updateTodo
props.onClickDeleteBtn	deleteTodo
props.onClickCancelBtn	cancelChange

5-4-2 ルートコンポーネントのコード（React）

リスト5-13 src¥App.js

```
//インポート❶
import "./App.css";
import ListComp from "./ListComp";
import DialogComp from "./DialogComp";
import {useState} from "react";

//関数によるコンポーネント定義
function App() {

  //状態変数の定義❷
  const [todoData, setTodoData] = useState([]);
  const [selectedTodo, setSelectedTodo] =
    useState({id: 0, task: ""});
  const [isDialogClosed, setIsDialogClosed] = useState(true);
```

```
//to-do追加ダイアログを開く❸
const openAddDialog = () => {
  setSelectedTodo({id: 0, task: ""});
  setIsDialogClosed(false);
};

//to-do編集ダイアログを開く❹
const openEditDialog = (index) => {
  setSelectedTodo(Object.assign({}, todoData[index]));
  setIsDialogClosed(false);
};

//to-do登録❺
const regTodo = (task) => {
  const id = Date.now();
  const newTodo = {id, task};
  setTodoData(todoData.concat(newTodo));
  setIsDialogClosed(true);
};

//to-do更新❻
const updateTodo = (todo) => {
  setTodoData(
    todoData.map(v => (v.id === todo.id) ? todo : v)
  );
  setIsDialogClosed(true);
};

//to-do削除❼
const deleteTodo = (id) => {
  setTodoData(
    todoData.filter(v => (v.id !== id))
  );
  setIsDialogClosed(true);
};
```

```
  //to-do変更キャンセル❽
  const cancelChange = () => {
    setIsDialogClosed(true);
  };

  return (
    <div>
      <div className="my-title">
        to-doリスト(React)
      </div>
      <div className="my-child-container">
        {isDialogClosed ?❾
          (<ListComp ❿
            todoData={todoData}
            onClickOpenAddDialogBtn={openAddDialog}
            onClickOpenEditDialogBtn={openEditDialog}>
          </ListComp>)
          :
          (<DialogComp ⓫
            selectedTodo={selectedTodo}
            onClickRegBtn={regTodo}
            onClickUpdateBtn={updateTodo}
            onClickDeleteBtn={deleteTodo}
            onClickCancelBtn={cancelChange}>
          </DialogComp>)
        }
      </div>
    </div>
  );
}

export default App; ⓬
```

Ⓐ

❶必要なリソースをインポートします。

- to-doリストアプリ共通のスタイル（App.css）
- 子コンポーネント（ListComp, DialogComp）
- 状態変数の定義に必要なuseState関数

❷状態変数の定義をします。

- todoData：to-doリストのデータ
  初期値は[]、更新関数はsetTodoData()
- selectedTodo：追加または編集するto-doデータ
  初期値は{id: 0, task: ""}、更新関数はsetSelectedTodo()
- isDialogClosed：ダイアログの開閉状態
  初期値はtrue、更新関数はsetIsDialogClosed()

❸openAddDialogは、Listコンポーネントから［ここをクリックしてto-doを追加］ボタンクリックの通知を受信したときの処理で、to-do追加ダイアログを開きます。

- setSelectedTodo({id: 0, task: ""});
  状態変数selectedTodoへidが0、taskが空白のto-doデータを代入します。
- setIsDialogClosed(false);
  状態変数isDialogClosedへfalseを代入します。この代入によって、Listコンポーネントを非表示にし、Dialogコンポーネントを表示します。

❹openEditDialogは、Listコンポーネントから鉛筆アイコンクリックの通知を受信したときの処理で、to-do編集ダイアログを開きます。引数としてindex（選択されたtodoDataの配列インデックス）を受け取ります。

- setSelectedTodo(Object.assign({}, todoData[index]));
  状態変数selectedTodoへ鉛筆アイコンがクリックしたto-doデータを代入
  Object.assign()は選択されたto-doデータのコピーを行っています。
- setIsDialogClosed(false);
  状態変数isDialogClosedへfalseを代入します。この代入によって、Listコンポーネントを非表示にし、Dialogコンポーネントを表示します。

❺regTodoは、Dialogコンポーネントから［登録］ボタンクリックの通知を受信したときの処理で、to-doデータを追加登録します。引数としてtask(追加ダイアログの入力欄の文字列）を受け取ります。

- const id = Date.now();
新規に登録するto-doのidを生成します。idにUNIX時間を使うことで一意にしています。

- const newTodo = {id, task};
新規に登録するto-doを生成します。

- setTodoData(todoData.concat(newTodo));
新規to-doをtodoDataに追加します。

- setIsDialogClosed(true);
状態変数isDialogClosedへtrueを代入します。この代入によって、Dialogコンポーネントを非表示にし、Listコンポーネントを表示します。

❻ updateTodoは、Dialogコンポーネントから［更新］ボタンクリックの通知を受信したときの処理で、to-doデータを更新します。引数として更新するto-doデータ（idと入力欄の文字列）を受け取ります。

- setTodoData(todoData.map(v => (v.id === todo.id) ? todo : v));
mapメソッドでtodoData配列の要素を順に呼び出し、該当idのデータを更新したデータを生成し、todoDataへ代入します。

- setIsDialogClosed(true);
状態変数isDialogClosedへtrueを代入します。この代入によって、Dialogコンポーネントを非表示にし、Listコンポーネントを表示します。

❼ deleteTodo は、Dialogコンポーネントから［削除］ボタンクリックの通知を受信したときの処理で、指定したidのto-doデータを削除します。引数としてid(削除対象のto-doのid)を受け取ります。

- setTodoData(todoData.filter(v => (v.id !== id)));
filterメソッドでtodoData配列の要素を順に呼び出し、該当idのデータを削除したデータを生成し、todoDataへ代入します。

- setIsDialogClosed(true);
状態変数isDialogClosedへtrueを代入します。この代入によって、Dialogコンポーネントを非表示にし、Listコンポーネントを表示します。

❽ cancelChangeは、Dialogコンポーネントから［取消］ボタンクリックの通知を受信したときの処理です。

- setIsDialogClosed(true);
状態変数isDialogClosedへtrueを代入します。この代入によって、Dialogコンポーネントを非表示にし、Listコンポーネントを表示します。

❾ Listコンポーネントと Dialogコンポーネントのどちらか一方だけを表示し、他方を非表示にするための切替を行います。

- {isDialogClosed ?
  (<ListComp>～</ListComp>)
  :
  (<DialogComp>～</DialogComp>)
  }
  3項演算子を使い、状態変数isDialogClosedがtrueの時はListコンポーネントを出力、falseのときはDialogコンポーネントを出力します。

❿ Listコンポーネントを出力します。データ渡しと通知の設定をします。

- todoData={todoData}
  ルートコンポーネントからListコンポーネントへデータを渡す設定です。Listコンポーネント側はprops.todoDataの記述でtodoDataを受け取ります。
- onClickOpenAddDialogBtn={openAddDialog}
- openEditDialog={openEditDialog}
  Listコンポーネント側からルートコンポーネントの関数を呼び出す設定です。以下の2つを設定しています。
  ①onClickOpenAddDialogBtnでルートコンポーネントのopenAddDialogを呼び出し
  ②onClickOpenEditDialogBtnでルートコンポーネントのopenEditDialogを呼び出し

⓫ Dialogコンポーネントを出力します。データ渡しと通知の設定をします。

- selectedTodo={selectedTodo}
  ルートコンポーネントからDialogコンポーネントへデータを渡す設定です。Dialogコンポーネント側はprops.selectedTodoの記述でselectedTodoを受け取ります。
- onClickRegBtn={regTodo}
- onClickUpdateBtn={updateTodo}
- onClickDeleteBtn={deleteTodo}
- onClickCancelBtn={cancelChange}
  Dialogコンポーネント側からルートコンポーネントの関数を呼び出す設定です。以下の4つを設定しています。
  ①onClickRegBtnでルートコンポーネントのregTodoを呼び出し
  ②onClickUpdateBtnでルートコンポーネントのupdateTodoを呼び出し
  ③onClickDeleteBtnでルートコンポーネントのdeleteTodoを呼び出し
  ④onClickCancelBtnでルートコンポーネントのcancelChangeを呼び出し

⓬コンポーネントAppを外部から利用するためにエクスポートします。

Ⓐのブロック：JSXで記述されたコードブロック

5-4-3 Listコンポーネントのコード（React）

リスト5-14 src¥ListComp.jsx

```
//関数によるコンポーネント定義
function ListComp(props) { ❶

  //to-do追加ボタンのクリックをルートコンポーネントへ通知❷
  const clickOpenAddDialogBtn = () => {
    props.onClickOpenAddDialogBtn();
  };

  //鉛筆アイコンのクリックをルートコンポーネントへ通知❸
  const clickOpenEditDialogBtn = (index) => {
    props.onClickOpenEditDialogBtn(index);
  };

  return (
    <div>                                                    Ⓐ
      <div className="my-button-container">
        <div onClick={clickOpenAddDialogBtn} ❹
          className="btn btn-primary">
          ここをクリックしてto-doを追加
        </div>
      </div>
      <table className="my-table">
        <tbody>
        {props.todoData.map((item, index) => {❺
          return (
            <tr key={item.id}>❻
              <td>
                {item.task}
              </td>
```

```
            <td onClick={() =>
              clickOpenEditDialogBtn(index)}>❼
              <i className="bi bi-pencil"></i>
            </td>
          </tr>
        );
      })
      }
      </tbody>
    </table>
  </div>
);
}

export default ListComp;❽
```

❶ルートコンポーネントからの設定を引数propsで受け取ります。

❷［ここをクリックしてto-doを追加］ ボタンのクリック時に、ルートコンポーネントへ通知します。

- props.onClickOpenAddDialogBtn()
  ルートコンポーネントの関数openAddDialog()を呼び出します。この呼び出しの関連付けは、表5-2を参照してください。

❸鉛筆アイコンのクリック時に、ルートコンポーネントへ通知します。

- props.onClickOpenEditDialogBtn(index)
  この記述で、ルートコンポーネントの関数openEditDialog(index)が呼び出されます。この呼び出しの関連付けは、表5-2を参照してください。引数のindexは、クリックされたtodoデータの配列インデックスです。

❹［ここをクリックしてto-doを追加］ボタンのクリックのハンドラーを設定します。

- onClick={clickOpenAddDialogBtn}
  clickOpenAddDialogBtnをハンドラーとして設定します。

❺ルートコンポーネントからtodoDataを受け取り、表示します。

- {props.todoData.map((item, index) => {...})
  props.todoDataでtodoDataを取得します。mapメソッドでtodoData配列の要素を順に呼び出し、出力します。indexにはtodoDataの配列インデックスが渡されます。

❻Reactで繰り返し出力に必要なkeyを設定します。keyには一意の値であるto-doデータのidを代入します。

❼鉛筆アイコンのクリックのハンドラーを設定します。

- onClick={() =>clickOpenEditDialogBtn(index)}
  Reactではイベントハンドラーの設定に関数を指定するため、onClick={clickOpenEditDialogBtn(index)}のような式による指定はできません。

❽コンポーネントListCompを外部から利用するためにエクスポートします。

Ⓐのブロック：JSXで記述されたコードブロック

5-4-4 Dialogコンポーネントのコード(React)

リスト5-15 src¥DialogComp.jsx

```
//インポート❶
import {Fragment, useState} from "react";

//関数によるコンポーネント定義
function DialogComp(props) {❷

  //入力欄とデータバインドする状態変数❸
  const [inputStr, setInputStr] =
    useState(props.selectedTodo.task);

  //入力欄が変化したときのイベント処理❹
  const inputChangeHandler = (event) => {
    setInputStr(event.target.value);
  };

  //to-do新規登録か？❺
  const isNewData = () => (props.selectedTodo.id === 0);
```

```
  //to-do登録ボタンクリックの通知❻
  const clickRegBtn = () => {
    if (isCheckEmpty(inputStr)) return;
    props.onClickRegBtn(inputStr);
  };

  //to-do更新ボタンクリックの通知❼
  const clickUpdateBtn = () => {
    if (isCheckEmpty(inputStr)) return;
    props.onClickUpdateBtn(
      {
        id: props.selectedTodo.id,
        task: inputStr
      });
  };

  //to-do削除ボタンクリックの通知❽
  const clickDeleteBtn = () => {
    props.onClickDeleteBtn(props.selectedTodo.id);
  };

  //to-do取消ボタンクリックの通知❾
  const clickCancelBtn = () => {
    props.onClickCancelBtn();
  };

  //入力欄の空欄チェックを行い、空欄の時はメッセージ表示❿
  const isCheckEmpty = (str) => {
    const isEmpty = (str.trim() === "");
    if (isEmpty) {
      alert("入力が空欄です");
      return true;
    } else {
      return false;
    }
```

```
  };

  return (
    <div>                                                    Ⓐ
      <div className="my-title">
        {isNewData() ? "追加" : "編集"}
      </div>
      <div className="my-dialog">
        <div className="mb-3">
          <label htmlFor="inputTask"
            className="form-label">
            20文字以内で入力 ({inputStr.length}/20)
          </label>
          <input type="text" id="inputTask" ⓫
            value={inputStr}
            onChange={inputChangeHandler}
            maxLength="20"
            className="my-input-task"/>
        </div>
        <div className="my-button-container">
          <div
            onClick={clickCancelBtn} ⓬
            className="btn btn-outline-primary">
            取消
          </div>
          {isNewData() ? ⓭
            (<div
              onClick={clickRegBtn}
              className="btn btn-primary">
              登録
            </div>)
            :
            (<Fragment>⓮
              <div
                onClick={clickDeleteBtn}
```

```
          className="btn btn-danger">
          削除
        </div>
        <div
          onClick={clickUpdateBtn}
          className="btn btn-primary">
          更新
        </div>
      </Fragment>)
    }
  </div>
 </div>
</div>
);
}

export default DialogComp; ⓯
```

❶必要なリソースをインポートします。

- Fragment要素は、余分なノードを追加することなく子要素をまとめたり、JSXを組み立ててreturnする際に、1つのルート要素しか返せないという制約を回避したりします
(詳細はhttps://ja.reactjs.org/docs/fragments.html)
- 状態変数の定義に必要なuseState関数

❷DialogComp関数は、ルートコンポーネントからの設定を引数propsで受け取ります。

❸入力欄とデータバインドする状態変数を定義します。

- inputStr：入力欄の文字列
初期値はprops.selectedTodo.task(ルートコンポーネントから受け取ったto-doデータの文字列)、関数setInputStr()で値を変更できます。

❹inputChangeHandlerは、入力欄が変化したときのイベント処理です。状態変数inputStrを更新します。event.target.valueで変化した入力欄の値を取得します。

❺isNewDataは、to-doの新規登録か、更新かを判定します。ルートコンポーネン

トから受け取ったselectedTodo.idが0のときは新規なのでtrue、それ以外のidが設定されている場合は更新なのでfalseを返します。この値で、ダイアログのタイトルや表示するボタンを切り替えます。

❻ clickRegBtnは、[登録] ボタンのクリック時に、ルートコンポーネントへ通知します。

- isCheckEmpty
  入力欄の空欄チェックをします。
- props.onClickRegBtn()
  ルートコンポーネントの関数regTodo()を呼び出します。この呼び出しの関連付けは、表5-4を参照してください。引数に、入力欄の文字列を渡します。

❼ clickUpdateBtnは、[更新] ボタンのクリック時に、ルートコンポーネントへ通知します。

- isCheckEmpty
  入力欄の空欄チェックをします。
- props.onClickUpdateBtn()
  ルートコンポーネントの関数updateTodo()を呼び出します。この呼び出しの関連付けは、表5-4を参照してください。引数に、更新するto-doデータ(idと入力欄の文字列からなるJSON形式のto-doデータ)を渡します。

❽ clickDeleteBtnは、[削除] ボタンのクリック時に、ルートコンポーネントへ通知します。

- props.clickDeleteBtn()
  ルートコンポーネントの関数deleteTodo()を呼び出します。この呼び出しの関連付けは、表5-4を参照してください。引数に、削除するto-doデータのidを渡します。

❾ clickCancelBtnは、取消ボタンのクリック時に、ルートコンポーネントへ通知します。

- props.clickCancelBtn()
  ルートコンポーネントの関数cancelChange()を呼び出します。この呼び出しの関連付けは、表5-4を参照してください。

❿ [登録] ボタンまたは [更新] ボタンがクリックされた時に入力欄が空欄の場合は「入力が空欄です」のメッセージを表示します。

⑪状態変数inputStrと双方向データバインドした入力欄です。

- value={inputStr}
  状態変数inputStrの値を入力欄に表示します。
- onChange={inputChangeHandler}
  入力欄の値の変化をinputChangeHandlerに渡します。

⑫取消ボタンのクリックのイベント・ハンドラー関数clickCancelBtnを設定します。
⑬3項演算子でボタンの表示を切り替えます。

- isNewData()がtrueの場合は、［登録］ボタンを表示します。
- isNewData()がfalseの場合は、［削除］ボタンと［更新］ボタンを表示します。

⑭<Fragment>～</Fragment>のブロックは、一括して表示・非表示できます。
⑮コンポーネントDialogCompを外部から利用するためにエクスポートします。
Ⓐのブロック：JSXで記述されたコードブロック

JSXではJavaScriptと重複するワードが使えません。また、プロパティや属性の名前はキャメルケースである必要があります。Ⓐのブロックでは、class → className以外にも、以下の書き換えを行っています（コード青文字部分）。

- for → htmlFor
- maxlength → maxLength

5-4-5　コンポーネント連携のコード（Angular）

まず、ルートコンポーネントと2つの子コンポーネント（ListコンポーネントとDialogコンポーネント）の連携を解説します。コンポーネントごとの解説は、この後に続く「5-4-6　ルートコンポーネントのコード（Angular）」～「5-4-8　Dialogコンポーネントのコード（Angular）」を参照してください。

1）連携の全体像（図5-35）

①全体の状態管理はルートコンポーネントクラスのプロパティで行います。
②ルートコンポーネントは、子コンポーネントで定義済のプロパティを経由して、状態変数の値を渡します。

③子コンポーネントは、独自に定義したイベントを使ってルートコンポーネントへ通知を送ります。

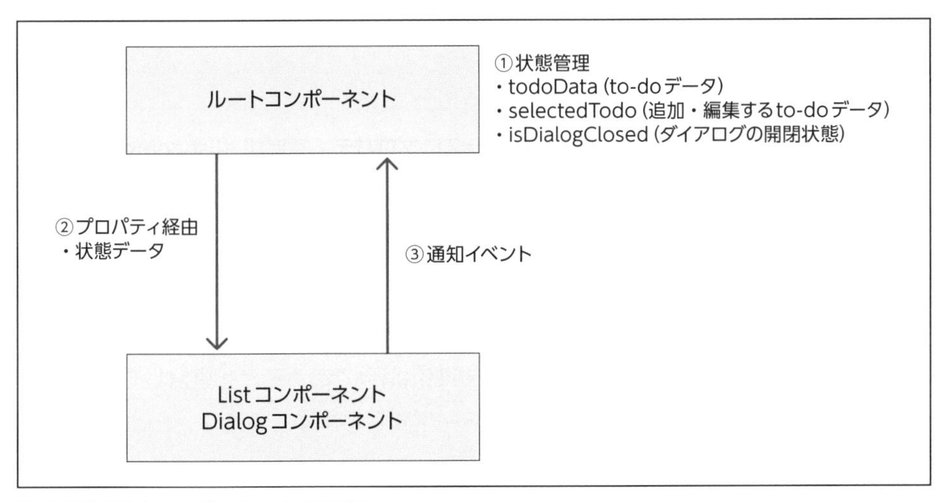

図5-35 親子コンポーネントの連携

2) 状態管理

ルートコンポーネントのクラス(app.component.ts)に定義したプロパティを、状態変数として利用します。ReactまたはVue.jsのように、他の変数と区別して定義する必要はありません(リスト5-16)。

リスト5-16 状態変数定義のコード(app.component.ts)

```
export class AppComponent {
  //プロパティの定義
  todoData: Todo[] = [];
  selectedTodo: Todo = {id: 0, task: ""};
  isDialogClosed = true;
```

3) ルート→Listコンポーネントへのデータ渡し

Listコンポーネント側で、データを受け取るプロパティを追加します。そのプロパティを経由して、ルートコンポーネントからデータ(todoData)を受け取ります。受け取ったtodoDataの値は、to-doリストの表示に利用します。

05

▶Listコンポーネント側の実装(list.component.ts)

Listコンポーネントクラスでプロパティ todoDataを定義します。親コンポーネントから値を受け取るプロパティであることを宣言するために、@Inputデコレーターを付けます。(リスト5-17)。

リスト5-17 Listコンポーネントクラスにプロパティを追加(list.component.ts)

```
export class ListComponent {
  //ルートコンポーネントから受け取るプロパティ定義
  @Input() todoData!:Todo[];
```

なお、!マークはtodoData が初期化済みであることを宣言しています。これがないと、ビルド時にnullチェックエラーが発生します。理由は、todoDataの値は親コンポーネントが渡すため、ListComponent内で初期化されていないと認識されるからです。

▶ルートコンポーネント側の実装(app.component.html)

ルートコンポーネントのテンプレートで、Listコンポーネントで定義済のプロパティtodoDataに、状態変数todoDataをバインドします。

リスト5-18 ListComponentのプロパティに状態変数todoDataをバインド(app.component.html)

```
<app-list *ngIf="isDialogClosed; else dialog"
  [todoData]="todoData"
```

なお、ListComponentのselector設定がapp-listになっているので、app-listダグ内にプロパティの記述を行っています。

4) ルート→Dialogコンポーネントへのデータ渡し

Listコンポーネントでのデータ受け取りと同様の実装です。
Dialogコンポーネントはデータ(selectedTodo)を受け取ります。受け取ったselectedTodoの値は、Dialog コンポーネントの入力欄に表示します。

▶Dialogコンポーネント側の実装 (dialog.component.ts)

Dialogコンポーネントクラスでプロパティ selectedTodoを定義します。親コンポーネントから値を受け取るプロパティであることを宣言するために、@Inputデコレーターを付けます（リスト5-19）。

リスト5-19 Dialogコンポーネントクラスにプロパティを追加（dialog.component.ts）

```
export class DialogComponent implements OnInit {
  //ルートコンポーネントから受け取るプロパティ定義
  @Input() selectedTodo!: Todo;
```

▶ルートコンポーネント側の実装 (app.component.html)

ルートコンポーネントのテンプレートで、Dialogコンポーネントで定義済のプロパティ selectedTodoに、状態変数selectedTodoをバインドします。

リスト5-20 DialogComponentのプロパティに状態変数selectedTodoをバインド（app.component.html）

```
<app-dialog
  [selectedTodo]="selectedTodo"
```

なお、DialogComponentのselector設定がapp-dialogになっているので、app-dialogダグ内にプロパティの記述を行っています。

5) List→ルートコンポーネントへの通知

Listコンポーネントクラスで独自のイベントを定義します。そのイベントを親コンポーネントへ送ります。

▶Listコンポーネント側の実装 (list.component.ts)

Listコンポーネントクラスのプロパティとして、EventEmitterを定義します。親コンポーネンへ送信するイベントであることを宣言するために、@Outputデコレーターを付けます（リスト5-21）。

リスト5-21 Listコンポーネントクラスにイベント定義（list.component.ts）

```
export class ListComponent {
（省略）
```

```
//ルートコンポーネントへ送信するイベント定義
@Output() onClickOpenAddDialogBtn =
  new EventEmitter<void>();
@Output() onClickOpenEditDialogBtn =
  new EventEmitter<number>();
```

定義したイベントを、ルートコンポーネントへ発行します（リスト5-22）。

リスト5-22 ルートコンポーネントへイベントを発行（list.component.ts）

```
// to-do追加ボタンのクリックをルートコンポーネントへ通知
clickOpenAddDialogBtn() {
  this.onClickOpenAddDialogBtn.emit();
}
// 鉛筆アイコンのクリックをルートコンポーネントへ通知
clickOpenEditDialogBtn(index: number) {
  this.onClickOpenEditDialogBtn.emit(index);
}
```

▶ルートコンポーネント側の実装（app.component.html）

ルートコンポーネントのテンプレートで、Listコンポーネントからの独自イベントとルートコンポーネントのメソッドの関連付けを行います（リスト5-23）。たとえば、onClickOpenAddDialogBtnイベントを受信すると、openAddDialog()メソッドを呼び出します。

リスト5-23 独自イベントとListComponentメソッドの関連付け（app.component.html）

```
<app-list *ngIf="isDialogClosed; else dialog"
  [todoData]="todoData"
  (onClickOpenAddDialogBtn)="openAddDialog()"
  (onClickOpenEditDialogBtn)="openEditDialog($event)">
</app-list>
```

6) Dialog→ルートコンポーネントへの通知

Listコンポーネントでの通知と同様の実装です。

▶Dialogコンポーネント側の実装（dialog.component.ts）

Dialogコンポーネントクラスのプロパティとして、EventEmitterを定義します。親コンポーネンへ送信するイベントであることを宣言するために、@Outputデコレーターを付けます（リスト5-24）。

リスト5-24 Dialogコンポーネントクラスにイベント定義（dialog.component.ts）

```
export class DialogComponent implements OnInit {
（省略）
  //ルートコンポーネントへ送信するイベント定義
  @Output() onClickRegBtn = new EventEmitter<string>();
  @Output() onClickUpdateBtn = new EventEmitter<Todo>();
  @Output() onClickDeleteBtn = new EventEmitter<number>();
  @Output() onClickCancelBtn = new EventEmitter<void>();
```

定義したイベントを、ルートコンポーネントへ発行します（リスト5-25）。

リスト5-25 ルートコンポーネントへイベントを発行（dialog.component.ts）

```
  //to-do登録ボタンクリックの通知
  clickRegBtn() {
    if (this.isCheckEmpty(this.inputStr)) return;
    this.onClickRegBtn.emit(this.inputStr);
  }
  //to-do更新ボタンクリックの通知
  clickUpdateBtn() {
    if (this.isCheckEmpty(this.inputStr)) return;
    this.onClickUpdateBtn.emit({
      id: this.selectedTodo.id,
      task: this.inputStr
    });
  }
  //to-do削除ボタンクリックの通知
  clickDeleteBtn() {
    this.onClickDeleteBtn.emit(this.selectedTodo.id);
  }
  //to-do取消ボタンクリックの通知
```

```
  clickCancelBtn() {
    this.onClickCancelBtn.emit();
  }
```

▶ルートコンポーネント側の実装(app.component.html)

ルートコンポーネントのテンプレートで、Dialogコンポーネントからの独自イベントとルートコンポーネントのメソッドの関連付けを行います (リスト5-26)。たとえば、onClickRegBtnイベントを受信すると、regTodo()メソッドを呼び出します。

リスト5-26 独自イベントとDialogComponentメソッドの関連付け (app.component.html)

```
<app-dialog
  [selectedTodo]="selectedTodo"
  (onClickRegBtn)=regTodo($event)
  (onClickUpdateBtn)=updateTodo($event)
  (onClickDeleteBtn)=deleteTodo($event)
  (onClickCancelBtn)=cancelChange()>
</app-dialog>
```

5-4-6 ルートコンポーネントのコード(Angular)

リスト5-27 [クラス定義]src¥app¥app.component.ts

```
//インポート ❶
import {Component} from "@angular/core";
import {Todo} from "./inerface/Todo";

@Component({                                         Ⓐ
  selector: "app-root",
  templateUrl: "./app.component.html"
})
export class AppComponent { ❷

  //プロパティの定義 ❸
  todoData: Todo[] = [];
```

```
selectedTodo: Todo = {id: 0, task: ""};
isDialogClosed = true;

//to-do追加ダイアログを開く ❹
openAddDialog() {
  this.selectedTodo = {id: 0, task: ""};
  this.isDialogClosed = false;
}

//to-do編集ダイアログを開く❺
openEditDialog(index: number) {
  this.selectedTodo =
    Object.assign({}, this.todoData[index]);
  this.isDialogClosed = false;
}

//to-do登録❻
regTodo(task: string) {
  const id = Date.now();
  const newTodo = {id, task};
  this.todoData = this.todoData.concat(newTodo);
  this.isDialogClosed = true;
}

//to-do更新 ❼
updateTodo(todo: Todo) {
  this.todoData =
    this.todoData.map(v => (v.id === todo.id) ? todo : v);
  this.isDialogClosed = true;
}

//to-do削除 ❽
deleteTodo(id: number) {
  this.todoData = this.todoData.filter(v => (v.id !== id));
  this.isDialogClosed = true;
```

```
    }

    //to-do変更キャンセル ❾
    cancelChange() {
      this.isDialogClosed = true;
    }

}
```

❶必要なリソースをインポートします。

- Componentデコレーター
- Todoの型

❷Export class 文で、ルートコンポーネントであるAppComponentクラスを定義すると同時に、外部から利用できるようにするためにエクスポートします。

❸コンポーネントクラスのプロパティを定義します。

- todoData：to-doリストのデータ
  初期値は[]
- selectedTodo：追加または編集するto-doデータ
  初期値は{id: 0, task: ""}
- isDialogClosed：ダイアログの開閉状態
  初期値はtrue

❹openAddDialogは、Listコンポーネントから［ここをクリックしてto-doを追加］ボタンクリックの通知を受信したときの処理で、to-do追加ダイアログを開きます。

- this.selectedTodo = {id: 0, task: ""}
  プロパティselectedTodoへidが0、taskが空白のto-doデータを代入します。
- this.isDialogClosed = false
  プロパティisDialogClosedへfalseを代入します。この代入によって、Listコンポーネントを非表示にし、Dialogコンポーネントを表示します。

❺openEditDialogは、Listコンポーネントから鉛筆アイコンクリックの通知を受信したときの処理で、to-do編集ダイアログを開きます。引数としてindex(選択されたtodoDataの配列インデックス）を受け取ります。

- this.selectedTodo = Object.assign({}, this.todoData[index])
  プロパティselectedTodoへ鉛筆アイコンがクリックしたto-doデータを代入します。Object.assign()は選択されたto-doデータのコピーを行っています。
- this.isDialogClosed = false
  プロパティisDialogClosedへfalseを代入します。Listコンポーネントが非表示になり、Dialogコンポーネントが表示されます。

❻ regTodoは、Dialogコンポーネントから［登録］ボタンクリックの通知を受信したときの処理で、to-doデータを追加登録します。引数としてtask(追加ダイアログの入力欄の文字列）を受け取ります。

- const id = Date.now()
  新規に登録するto-doのidを生成します。idにUNIX時間を使うことで一意にしています。
- const newTodo = {id, task}
  新規に登録するto-doを生成します。
- this.todoData = this.todoData.concat(newTodo)
  新規to-doをtodoDataに追加します。
- this.isDialogClosed = true;
  プロパティisDialogClosedへtrueを代入します。この代入によって、Dialogコンポーネントを非表示にし、Listコンポーネントを表示します。

❼ updateTodoは、Dialogコンポーネントから［更新］ボタンクリックの通知を受信したときの処理で、to-doデータを更新します。引数として更新するto-doデータ(idと入力欄の文字列）を受け取ります。

- this.todoData = this.todoData.map(v => (v.id === todo.id) ? todo : v)
  mapメソッドでtodoData配列の要素を順に呼び出し、該当idのデータを更新したデータを生成し、todoDataへ代入します。
- this.isDialogClosed = true;
  プロパティisDialogClosedへtrueを代入します。この代入によって、Dialogコンポーネントを非表示にし、Listコンポーネントを表示します。

❽ deleteTodoは、Dialogコンポーネントから［削除］ボタンクリックの通知を受信したときの処理で、指定したidのto-doデータを削除します。引数としてid(削除対象のto-doのid)を受け取ります。

- this.todoData = this.todoData.filter(v => (v.id !== id))
  filterメソッドでtodoData配列の要素を順に呼び出し、該当idのto-doデータだけを削除した配列データを生成し、todoDataへ代入します。

- this.isDialogClosed = true;
  プロパティ isDialogClosed へ true を代入します。この代入によって、Dialogコンポーネントを非表示にし、Listコンポーネントを表示します。

❾ Dialogコンポーネントから取消ボタンクリックの通知を受信したときの処理です。

- this.isDialogClosed = true;
  プロパティ isDialogClosed へ true を代入します。この代入によって、Dialogコンポーネントを非表示にし、Listコンポーネントを表示します。

Ⓐのブロック：Componentデコレーターによる AppComponent クラスへの注釈

- 出力先のHTML要素を指定するセレクター："app-root"
- テンプレートファイルへの相対パス："./app.component.html"

リスト5-28 [テンプレート]src¥app¥app.component.html

```
<div>
  <div class="my-title">
    to-do リスト(Angular)
  </div>
  <div class="my-child-container">
    <app-list *ngIf="isDialogClosed; else dialog" ❶
      [todoData]="todoData" ❷
      (onClickOpenAddDialogBtn)="openAddDialog()" ❸
      (onClickOpenEditDialogBtn)="openEditDialog($event)">❹
    </app-list>
    <ng-template #dialog>❺
      <app-dialog❻
        [selectedTodo]="selectedTodo"❼
        (onClickRegBtn)=regTodo($event)❽
        (onClickUpdateBtn)=updateTodo($event)❾
        (onClickDeleteBtn)=deleteTodo($event)❿
        (onClickCancelBtn)=cancelChange()>⓫
      </app-dialog>
    </ng-template>
  </div>
</div>
```

❶❺ Listコンポーネントと Dialogコンポーネントのどちらか一方だけを表示し、他方を非表示にするための切替を行います。

- <app-list *ngIf="isDialogClosed; else dialog"...></app-list>
  isDialogClosedがtrueの場合、Listコンポーネントを出力します。
  isDialogClosedがfalseの場合、変数dialogで参照できるテンプレート（ここではDialogコンポーネント）を出力します。
  ※Angularではテンプレートのタグに、「#任意の変数名」と記述すると、他のテンプレート要素から、その変数名で参照可能になります。

- <ng-template #dialog><app-dialog …></app-dialog></ng-template>
  <ng-template #dialog></ng-template>でapp-dialogを囲み、変数dialogでDialogコンポーネントを呼び出せるようにします。

❷ルートコンポーネントからListコンポーネントへデータを渡す設定です。Listコンポーネント側は以下の記述でtodoDataを受け取ります。

@Input() todoData!:Todo[];

❸❹ Listコンポーネントからルートコンポーネントへ送信されるイベントに対応するハンドラーの設定です。2種類のイベントを登録しています。

- onClickOpenAddDialogBtnイベントのハンドラーは、openAddDialog
- onClickOpenEditDialogBtnイベントのハンドラーは、openEditDialog

❻Dialogコンポーネントを出力します。

❼ルートコンポーネントからDialogコンポーネントへデータを渡す設定です。Dialogコンポーネント側は以下の記述でselectedTodoを受け取ります。

@Input() selectedTodo!:Todo;

❽❾❿⓫　Dialogコンポーネントからルートコンポーネントへ送信される独自イベントに対応するハンドラーの設定です。4種類のイベントを登録しています。

- onClickRegBtnイベントのハンドラーは、regTodo
- onClickUpdateBtnイベントのハンドラーは、updateTodo
- onClickDeleteBtnイベントのハンドラーは、deleteTodo
- onClickCancelBtnイベントのハンドラーは、cancelChange

5-4-7 Listコンポーネントのコード(Angular)

リスト5-29 [クラス定義]src¥app¥list.component.ts

```
//インポート ❶
import { Component,  Input , Output, EventEmitter}
from '@angular/core';
import {Todo} from "../inerface/Todo";


@Component({                                            Ⓐ
  selector: 'app-list',
  templateUrl: './list.component.html'
})
export class ListComponent {  ❷

  //ルートコンポーネントから受け取るプロパティ定義❸
  @Input() todoData!:Todo[];

  //ルートコンポーネントへ送信するイベント定義❹
  @Output() onClickOpenAddDialogBtn =
    new EventEmitter<void>();
  @Output() onClickOpenEditDialogBtn =
    new EventEmitter<number>();

  // to-do追加ボタンのクリックをルートコンポーネントへ通知❺
  clickOpenAddDialogBtn() {
    this.onClickOpenAddDialogBtn.emit();
  }

  // 鉛筆アイコンのクリックをルートコンポーネントへ通知❻
  clickOpenEditDialogBtn(index: number) {
    this.onClickOpenEditDialogBtn.emit(index);
  }
}
```

❶必要なリソースをインポートします。

- Componentデコレーター
- 親コンポーネントからデータを受け取るプロパティを設定するInputデコレーター
- 親コンポーネントへ送信するイベントを設定するOutputデコレーター
- 親コンポーネントへイベントを送信するEventEmitter
- Todoの型

❷ListComponentクラスを外部から利用するためにエクスポートします。

❸ListコンポーネントクラスでプロパティtodoDataを定義します。親コンポーネントから値を受け取るプロパティであることを宣言するために、@Inputデコレーターを付けます。
なお、!はtodoDataが初期化済みであることを宣言しています。これがないと、ビルド時にnullチェックエラーが発生します。

❹Listコンポーネントクラスのプロパティとして、独自のEventEmitterを定義します。親コンポーネンへ送信するイベントであることを宣言するために、@Outputデコレーターを付けます。ここでは、以下の2種類のイベントを定義しています。

- onClickOpenAddDialogBtn
- onClickOpenEditDialogBtn

❺onClickOpenAddDialogBtnイベントをルートコンポーネントへ送信します。

❻onClickOpenEditDialogBtnイベントをルートコンポーネントへ送信します。

Ⓐのブロック：ComponentデコレーターによるListComponentクラスへの注釈

- 出力先のHTML要素を指定するセレクター　"app-list"
- テンプレートファイルへの相対パス "./list.component.html"

リスト5-30 [テンプレート]src¥app¥list.component.html

```
<div>
  <div class="my-button-container">
    <div (click)="clickOpenAddDialogBtn()"❶
         class="btn btn-primary">
      ここをクリックしてto-doを追加
    </div>
```

```
    </div>
    <table class="my-table">
      <tbody>
      <tr *ngFor="let item of todoData;let i=index">❷
        <td>
          {{item.task}}
        </td>
        <td (click)="clickOpenEditDialogBtn(i)">❸
          <i class="bi bi-pencil"></i>
        </td>
      </tr>
      </tbody>
    </table>
  </div>
```

❶［ここをクリックしてto-doを追加］ボタンのクリックのハンドラーにclickOpenAddDialogBtnを設定します。

❷ルートコンポーネントからtodoDataを受け取り、<tr>...</tr>を繰り返し出力します。

- let i=index
  出力するtodoDataの配列インデックスをローカル変数iに代入します（青文字部分）。

❸鉛筆アイコンのクリックのハンドラーにclickOpenEditDialogBtnを設定します。ハンドラーの引数にtodoDataの配列インデックスを渡します。

5-4-8 Dialogコンポーネントのコード(Angular)

リスト5-31 ［クラス定義］src¥app¥dialog.component.ts

```
//インポート ❶
import {Component, EventEmitter, Input, OnInit, Output}
  from "@angular/core";
import {Todo} from "../inerface/Todo";
```

```
@Component({                                                         Ⓐ
  selector: "app-dialog",
  templateUrl: "./dialog.component.html"
})
export class DialogComponent implements OnInit {❷

  //ルートコンポーネントから受け取るプロパティ定義❸
  @Input() selectedTodo!: Todo;

  //ルートコンポーネントへ送信するイベント定義❹
  @Output() onClickRegBtn = new EventEmitter<string>();
  @Output() onClickUpdateBtn = new EventEmitter<Todo>();
  @Output() onClickDeleteBtn = new EventEmitter<number>();
  @Output() onClickCancelBtn = new EventEmitter<void>();

  //入力欄と双方向データバインドするプロパティ
  inputStr = "";

  //ページ初期化完了時の処理❺
  ngOnInit(): void {
    this.inputStr = this.selectedTodo.task;
  }

  //to-do新規登録か？❻
  isNewData() {
    return (this.selectedTodo.id === 0);
  };

  //to-do登録ボタンクリックの通知❼
  clickRegBtn() {
    if (this.isCheckEmpty(this.inputStr)) return;
    this.onClickRegBtn.emit(this.inputStr);
  }
```

```
  //to-do更新ボタンクリックの通知❽
  clickUpdateBtn() {
    if (this.isCheckEmpty(this.inputStr)) return;
    this.onClickUpdateBtn.emit({
      id: this.selectedTodo.id,
      task: this.inputStr
    });
  }

  //to-do削除ボタンクリックの通知❾
  clickDeleteBtn() {
    this.onClickDeleteBtn.emit(this.selectedTodo.id);
  }

  //to-do取消ボタンクリックの通知❿
  clickCancelBtn() {
    this.onClickCancelBtn.emit();
  }

  //入力欄の空欄チェックを行い、空欄の時はメッセージ表示⓫
  isCheckEmpty(str:string): boolean {
    const isEmpty = (str.trim() === "");
    if (isEmpty) {
      alert("入力が空欄です");
      return true;
    } else {
      return false;
    }
  }
}
```

❶必要なリソースをインポートします。

- Componentデコレーター
- 親コンポーネントからデータを受け取るプロパティを設定するInputデコレーター

- 親コンポーネントへイベントを送信するEventEmitter
- 親コンポーネントへ送信するイベントを設定するOutputデコレーター
- ページ初期化完了時に処理を呼び出すためのOnInitインターフェイス
- Todoの型

❷ DialogComponentクラスを外部から利用するためにエクスポートします。OnInitインターフェイスを実装して、ページ初期化完了時に呼びだされるngOnInitメソッドを有効化します。

❸ Dialogコンポーネントクラスでプロパティ selectedTodoを定義します。親コンポーネントから値を受け取るプロパティであることを宣言するために、@Inputデコレーターを付けます。なお、!はselectedTodoが初期化済みであることを宣言しています。これがないと、ビルド時にnullチェックエラーが発生します。

❹ Dialogコンポーネントクラスのプロパティとして、独自のEventEmitterを定義します。親コンポーネンへ送信するイベントであることを宣言するために、@Outputデコレーターを付けます。ここでは、以下の4種類のイベントを定義しています。

- ［登録］ボタンのクリックは、onClickRegBtn。❼で利用します。
- ［更新］ボタンのクリックは、onClickUpdateBtn。❽で利用します。
- ［削除］ボタンのクリックは、onClickDeleteBtn。❾で利用します。
- 取消ボタンのクリックは、onClickCancelBtn。❿で利用します。

❺ ページ初期化完了後、ルートコンポーネントから受け取ったselecedTodo.taskの値を入力欄とデータバインドするinputStrに代入します。

❻ to-doの新規登録か、更新かを判定します。ルートコンポーネントから受け取ったselectedTodo.idが0のときはtrue、それ以外はfalseを返します。この値で、ダイアログのタイトルや表示するボタンを切り替えます。

❼ ［登録］ボタンのクリック時に、ルートコンポーネントへイベントを送信します。

- isCheckEmpty
  入力欄の空欄チェックをします。
- this.onClickRegBtn.emit(this.inputStr)
  ルートコンポーネントへのonClickRegBtnイベントを送信します。引数に、イベントで入力欄の文字列を渡します。

❽ ［更新］ボタンのクリック時に、ルートコンポーネントへイベントを送信します。

- isCheckEmpty
  入力欄の空欄チェックをします。
- this.onClickUpdateBtn.emit({...})
  ルートコンポーネントへのonClickUpdateBtnイベントを送信します。引数に、イベントで更新するto-doデータを渡します。

❾ ［削除］ボタンのクリック時に、ルートコンポーネントへイベントを送信します。

- this.onClickDeleteBtn.emit({...})
  ルートコンポーネントへのonClickDeleteBtnイベントを送信します。引数に、イベントで削除するto-doデータのidを渡します。

❿ 取消ボタンのクリック時に、ルートコンポーネントへイベントを送信します。

- this.onClickCancelBtn.emit()
  ルートコンポーネントへのonClickCancelBtnイベントを送信します。引数はありません。

⓫ ［登録］ボタンまたは［更新］ボタンがクリックされた時に入力欄が空欄の場合は「入力が空欄です」のメッセージを表示します。

Ⓐのブロック：ComponentデコレーターによるDialogComponentクラスへの注釈

- 出力先のHTML要素を指定するセレクター　"app-dialog"
- テンプレートファイルへの相対パス　"./dialog.component.html"

リスト5-32 ［テンプレート］src¥app¥dialog.component.html

```
<div>
  <div class="my-title">
    {{isNewData() ? "追加" : "編集"}}
  </div>
  <div class="my-dialog">
    <div class="mb-3">
      <label for="inputTask" class="form-label">
        20文字以内で入力（{{inputStr.length}}/20）
      </label>
      <input type="text" id="inputTask"
             [(ngModel)]="inputStr"
             maxlength="20" class="my-input-task"/>❶
    </div>
```

```
    <div class="my-button-container">
      <div (click)="clickCancelBtn()"❷
           class="btn btn-outline-primary">
        取消
      </div>
      <div *ngIf="isNewData(); else editBtn"❸
           (click)="clickRegBtn()"
           class="btn btn-primary">
        登録
      </div>
      <ng-template #editBtn>❹
        <div (click)="clickDeleteBtn()"
             class="btn btn-danger">
          削除
        </div>
        <div (click)="clickUpdateBtn()"
             class="btn btn-primary">
          更新
        </div>
      </ng-template>
    </div>
  </div>
</div>
```

❶プロパティinputStrと入力欄を双方向データバインドします。

- [(ngModel)]="inputStr"

❷取消ボタンのクリックのハンドラー関数clickCancelBtnを設定します。

❸❹［登録］ボタンのみ、または［削除］と［更新］ボタンの組のどちらかを表示します。

- <div *ngIf="isNewData(); else editBtn"...>登録</div>
  isNewData()がtrueの場合、［登録］ボタンを出力します。
  isNewData()がfalseの場合、変数editBtnで参照できるテンプレート（ここでは［削除］と［更新］ボタン）を出力します。
  ※Angularではテンプレートのタグに、「#任意の変数名」と記述すると、他のテンプレート要素から、その変数名で参照可能になります。

- <ng-template #editBtn><div … >削除</div><div … >更新</div></ng-template>
  <ng-template #editBtn></ng-template>で［削除］と［更新］ボタンのテンプレートを囲み、変数editBtnで2つのボタンの出力をまとめて呼び出せるようにします。

5-4-9 コンポーネント連携のコード (Vue.js)

まず、ルートコンポーネントと2つの子コンポーネント（Listコンポーネントと Dialogコンポーネント）の連携を解説します。コンポーネントごとの解説は、この後に続く「5-4-10　ルートコンポーネントのコード（Vue.js）」～「5-4-12　Dialogコンポーネントのコード（Vue.js）」を参照してください。

1) 連携の全体像

①全体の状態管理はルートコンポーネントクラスのプロパティで行います。

②ルートコンポーネントは、子コンポーネントで定義済のプロパティを経由して、状態変数の値を渡します。

③子コンポーネントは、独自に定義したイベントを使ってルートコンポーネントへ通知を送ります。

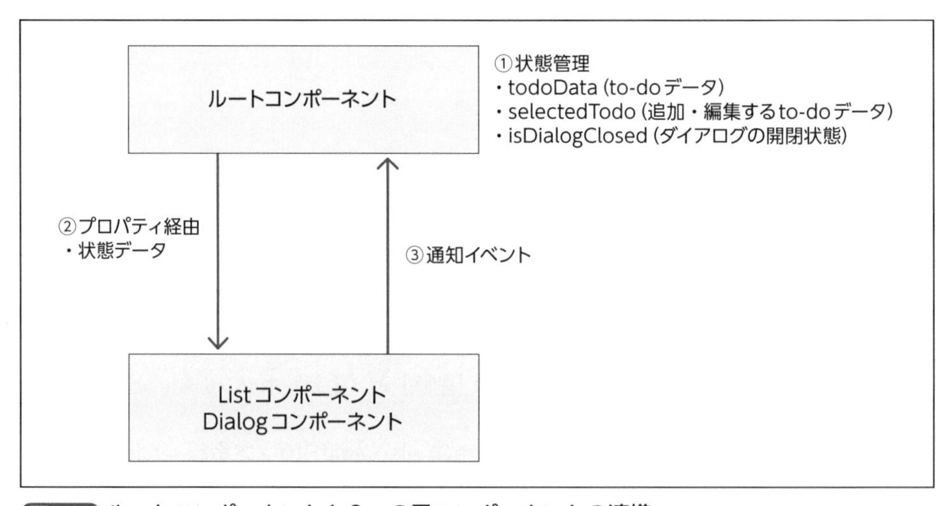

図5-36 ルートコンポーネントと2つの子コンポーネントの連携

2) 状態管理

状態変数を定義するには、ref(初期値)関数を利用します(リスト5-33)。

リスト5-33 状態変数定義のコード(App.vue)

```
//状態変数の定義
const todoData = ref([]);
const selectedTodo = ref({id: 0, task: ""});
const isDialogClosed = ref(true);
```

3) ルート→Listコンポーネントへのデータ渡し

Listコンポーネント側で、データを受け取るプロパティを追加します。そのプロパティを経由して、ルートコンポーネントからデータ(todoData)を受け取ります。受け取ったtodoDataの値は、to-doリストの表示に利用します。

▶Listコンポーネント側の実装(ListComp.vue)

Listコンポーネントでプロパティ todoDataを定義します。親コンポーネントから値を受け取るプロパティであることを宣言するために、defineProps 関数を使います(リスト5-34)。

リスト5-34 Listコンポーネントクラスにプロパティを追加(ListComp.vue)

```
//親コンポーネントから受け取るプロパティ定義
const props = defineProps(["todoData"]);
```

▶ルートコンポーネント側の実装(App.vue)

ルートコンポーネントのテンプレートで、Listコンポーネントで定義済のプロパティtodoDataに、状態変数todoDataをバインドします。

リスト5-35 ListCompのプロパティに状態変数todoDataをバインド(App.vue)

```
<ListComp v-if="isDialogClosed"
  :todoData="todoData"
```

4) ルート→Dialogコンポーネントへのデータ渡し

Listコンポーネントでのデータ受け取りと同様の実装です。

Dialogコンポーネントはデータ（selectedTodo）を受け取ります。受け取ったselectedTodoの値は、Dialog コンポーネントの入力欄に表示します。

▶Dialogコンポーネント側の実装（DialogComp.vue）

Dialogコンポーネントでプロパティ selectedTodo を定義します。親コンポーネントから値を受け取るプロパティであることを宣言するために、defineProps 関数を使います（リスト5-36）。

リスト5-36 Dialogコンポーネントクラスにプロパティを追加（DialogComp.vue）

```
//親コンポーネントから受け取るプロパティ定義
const props = defineProps(["selectedTodo"]);
```

▶ルートコンポーネント側の実装（App.vue）

ルートコンポーネントのテンプレートで、Dialogコンポーネントで定義済のプロパティ selectedTodo に、状態変数 selectedTodo をバインドします。

リスト5-37 DialogCompのプロパティに状態変数selectedTodoをバインド（App.vue）

```
<DialogComp v-else
  :selectedTodo="selectedTodo"
```

5) List→ルートコンポーネントへの通知

Listコンポーネントで独自のイベントを定義します。そのイベントを親コンポーネントへ送ります。

▶Listコンポーネント側の実装（ListComp.vue）

defineEmits 関数を使い、親コンポーネンへ送信する独自イベントを定義します。（リスト5-38）。

リスト5-38 Listコンポーネントに独自イベント定義（ListComp.vue）

```
//親コンポーネントへ送信するイベント定義
const emit = defineEmits([
```

```
  "onClickOpenAddDialogBtn",
  "onClickOpenEditDialogBtn"
]);
```

定義したイベントを、ルートコンポーネントへ発行します（リスト5-39）。

リスト5-39 ルートコンポーネントへイベントを発行（ListComp.vue）

```
// to-do追加ボタンのクリックをルートコンポーネントへ通知
const clickOpenAddDialogBtn = () => {
  emit("onClickOpenAddDialogBtn");
};
// 鉛筆アイコンのクリックをルートコンポーネントへ通知
const clickOpenEditDialogBtn = (index) => {
  emit("onClickOpenEditDialogBtn", index);
};
```

▶ルートコンポーネント側の実装（App.vue）

ルートコンポーネントのテンプレートで、Listコンポーネントからの独自イベントとルートコンポーネントのメソッドの関連付けを行います（リスト5-40）。たとえば、onClickOpenAddDialogBtnイベントを受信すると、openAddDialog()メソッドを呼び出します。

リスト5-40 独自イベントとListCompメソッドの関連付け（App.vue）

```
<ListComp v-if="isDialogClosed"
  :todoData="todoData"
  @onClickOpenAddDialogBtn="openAddDialog"
  @onClickOpenEditDialogBtn="openEditDialog">
</ListComp>
```

6) Dialog→ルートコンポーネントへの通知

Listコンポーネントでの通知と同様の実装です。

▶Dialogコンポーネント側の実装（DialogComp.vue）

defineEmits関数を使い、親コンポーネンへ送信する独自イベントを定義します（リスト5-41）。

リスト5-41 Dialogコンポーネントクラスにイベント定義（DialogComp.vue）

```
//親コンポーネントへ送信するイベント定義
const emit = defineEmits([
  "onClickRegBtn",
  "onClickUpdateBtn",
  "onClickDeleteBtn",
  "onClickCancelBtn"
  ]);
```

定義したイベントを、ルートコンポーネントへ発行します（リスト5-42）。

リスト5-42 ルートコンポーネントへイベントを発行（DialogComp.vue）

```
//to-do登録ボタンクリックの通知
const clickRegBtn = () => {
  if (isCheckEmpty(inputStr.value)) return;
  emit("onClickRegBtn", inputStr.value);
};
//to-do更新ボタンクリックの通知
const clickUpdateBtn = () => {
  if (isCheckEmpty(inputStr.value)) return;
  emit("onClickUpdateBtn",
    {
      id: props.selectedTodo.id,
      task: inputStr.value
    });
};
//to-do削除ボタンクリックの通知
const clickDeleteBtn = () => {
  emit("onClickDeleteBtn", props.selectedTodo.id);
};
```

```
//to-do取消ボタンクリックの通知
const clickCancelBtn = () => {
  emit("onClickCancelBtn");
};
```

▶ルートコンポーネント側の実装(App.vue)

ルートコンポーネントのテンプレートで、Dialogコンポーネントからの独自イベントとルートコンポーネントのメソッドの関連付けを行います（リスト5-43）。

リスト5-43 独自イベントとDialogComponentメソッドの関連付け（App.vue）

```
<DialogComp v-else
  :selectedTodo="selectedTodo"
  @onClickRegBtn="regTodo"
  @onClickUpdateBtn="updateTodo"
  @onClickDeleteBtn="deleteTodo"
  @onClickCancelBtn="cancelChange">
</DialogComp>
```

5-4-10 ルートコンポーネントのコード(Vue.js)

リスト5-44 src¥App.vue

Ⓐ

```
<script setup>
//インポート❶
import ListComp from "./components/ListComp.vue";
import DialogComp from "./components/DialogComp.vue";
import {ref} from "vue";

//状態変数の定義❷
const todoData = ref([]);
const selectedTodo = ref({id: 0, task: ""});
const isDialogClosed = ref(true);

//to-do追加ダイアログを開く❸
const openAddDialog = () => {
```

```
  selectedTodo.value = {id: 0, task: ""};
  isDialogClosed.value = false;
};

//to-do編集ダイアログを開く❹
const openEditDialog = (index) => {
  selectedTodo.value =
  Object.assign({}, todoData.value[index]);
  isDialogClosed.value = false;
};

//to-do登録❺
const regTodo = (task) => {
  const id = Date.now();
  const newTodo = {id, task};
  todoData.value = todoData.value.concat(newTodo);
  isDialogClosed.value = true;
};

//to-do更新❻
const updateTodo = (todo) => {
  todoData.value =
    todoData.value.map(v => (v.id === todo.id) ? todo : v);
  isDialogClosed.value = true;
};

//to-do削除❼
const deleteTodo = (id) => {
  todoData.value = todoData.value.filter(v => (v.id !== id));
  isDialogClosed.value = true;
};

//to-do変更キャンセル❽
const cancelChange = () => {
  isDialogClosed.value = true;
```

```
};
</script>
```

```
<template>
  <div>
    <div class="my-title">
      to-do リスト(Vue.js)
    </div>
    <div class="my-child-container">
      <ListComp v-if="isDialogClosed" ❾
        :todoData="todoData" ❿
        @onClickOpenAddDialogBtn="openAddDialog" ⓫
        @onClickOpenEditDialogBtn="openEditDialog"> ⓬
      </ListComp>
      <DialogComp v-else ⓭
        :selectedTodo="selectedTodo" ⓮
        @onClickRegBtn="regTodo" ⓯
        @onClickUpdateBtn="updateTodo" ⓰
        @onClickDeleteBtn="deleteTodo" ⓱
        @onClickCancelBtn="cancelChange"> ⓲
      </DialogComp>
    </div>
  </div>
</template>
```
Ⓑ

```
<style src="./styles.css"> ⓳
</style>
```
Ⓒ

❶ 必要なリソースをインポートします。

- 子コンポーネント（ListComp, DialogComp）
- 状態変数の定義に必要なref関数

❷ 状態変数の定義をします。

- todoData：to-doリストのデータ
  初期値は[]
- selectedTodo：ユーザーに選択されたto-do
  初期値は{id: 0, task: ""}
- isDialogClosed：ダイアログの開閉状態
  初期値はtrue

❸openAddDialogは、Listコンポーネントから［ここをクリックしてto-doを追加］ボタンクリックの通知を受信したときの処理で、to-do追加ダイアログを開きます。

- selectedTodo.value = {id: 0, task: ""};
  状態変数selectedTodoへ空白のto-doデータを代入します。
- isDialogClosed.value = false;
  状態変数isDialogClosedへfalseを代入します。この代入によって、Listコンポーネントを非表示にし、Dialogコンポーネントを表示します。

❹openEditDialogは、Listコンポーネントから鉛筆アイコンクリックの通知を受信したときの処理で、to-do編集ダイアログを開きます。引数としてindex(選択されたtodoDataの配列インデックス）を受け取ります。

- selectedTodo.value = Object.assign({}, todoData.value[index])
  状態変数selectedTodoへ鉛筆アイコンがクリックしたto-doデータを代入します。Object.assign()は選択されたto-doデータのコピーを行っています。
- isDialogClosed.value = false;
  状態変数isDialogClosedへfalseを代入します。この代入によって、Listコンポーネントを非表示にし、Dialogコンポーネントを表示します。

❺regTodoは、Dialogコンポーネントから［登録］ボタンクリックの通知を受信したときの処理で、to-doデータを追加登録します。引数としてtask(追加ダイアログの入力欄の文字列）を受け取ります。

- const id = Date.now();
  新規に登録するto-doのidを生成します。idにUNIX時間を使うことで一意にしています。
- const newTodo = {id, task};
  新規に登録するto-doを生成します。
- todoData.value = todoData.value.concat(newTodo);
  新規to-doをtodoDataに追加します。

- isDialogClosed.value = true;
  状態変数isDialogClosedへtrueを代入します。この代入によって、Dialogコンポーネントを非表示にし、Listコンポーネントを表示します。

❻ updateTodoは、Dialogコンポーネントから［更新］ボタンクリックの通知を受信したときの処理で、to-doデータを更新します。引数として更新するto-doデータ(idと入力欄の文字列）を受け取ります。

- todoData.value = todoData.value.map(v => (v.id === todo.id) ? todo : v);
  mapメソッドでtodoData配列の要素を順に呼び出し、該当idのデータを更新したデータを生成し、todoDataへ代入します。
- isDialogClosed.value = true;
  状態変数isDialogClosedへtrueを代入します。この代入によって、Dialogコンポーネントを非表示にし、Listコンポーネントを表示します。

❼ deleteTodoは、Dialogコンポーネントから［削除］ボタンクリックの通知を受信したときの処理で、指定したidのto-doデータを削除します。引数としてid(削除対象のto-doのid)を受け取ります。

- todoData.value = todoData.value.filter(v => (v.id !== id));
  filterメソッドでtodoData配列の要素を順に呼び出し、該当idのデータを削除したデータを生成し、todoDataへ代入します。
- isDialogClosed.value = true;
  状態変数isDialogClosedへtrueを代入します。この代入によって、Dialogコンポーネントを非表示にし、Listコンポーネントを表示します。

❽ Dialogコンポーネントから取消ボタンクリックの通知を受信したときの処理です。

- isDialogClosed.value = true;
  状態変数isDialogClosedへtrueを代入します。この代入によって、Dialogコンポーネントを非表示にし、Listコンポーネントを表示します。

❾ Listコンポーネントの表示・非表示を切り替えます。

- <ListComp v-if="isDialogClosed"...></ListComp>
  状態変数isDialogClosedがtrueの時はListコンポーネントを出力します。

❿ ルートコンポーネントからListコンポーネントへデータを渡す設定です。Listコンポーネントでは以下の記述でtodoDataを受け取ります。

props = defineProps(["todoData"]);

⓫⓬ Listコンポーネントからルートコンポーネントへ送信されるイベントに対応するハンドラーの設定です。2種類のイベントを登録しています。

- onClickOpenAddDialogBtnイベントのハンドラーは、openAddDialog
- onClickOpenEditDialogBtnイベントのハンドラーは、openEditDialog

⓭ Dialogコンポーネントの表示・非表示を切り替えます。

- <ListComp v-if="isDialogClosed"...></ListComp>
- <DialogComp v-else...></DialogComp>
  v-ifの値がfalseの場合は、v-elseを記述したブロックが出力されます。したがって、isDialogClosedがfalseの時はDialogコンポーネントを出力します。

⓮ ルートコンポーネントからDialogコンポーネントへデータを渡す設定です。Dialogコンポーネントでは以下の記述でselectedTodoを受け取ります。

props = defineProps(["selectedTodo"]);

⓯⓰⓱⓲ Dialogコンポーネントからルートコンポーネントへ送信されるイベントに対応するハンドラーの設定です。4種類のイベントを登録しています。

- onClickRegBtnイベントのハンドラーは、regTodo
- onClickUpdateBtnイベントのハンドラーは、updateTodo
- onClickDeleteBtnイベントのハンドラーは、deleteTodo
- onClickCancelBtnイベントのハンドラーは、cancelChange

⓳ cssファイルを参照してアプリ共通のスタイルを定義しています。

Ⓐのブロック：SFCのスクリプト

Ⓑのブロック：SFCのテンプレート

Ⓒのブロック：SFCのスタイル

5-4-11 Listコンポーネントのコード (Vue.js)

リスト5-45 src¥components¥ListComp.vue

```
<script setup>
//親コンポーネントから受け取るプロパティ定義❶
```

```
const props = defineProps(["todoData"]);

//親コンポーネントへ送信するイベント定義❷
const emit = defineEmits([
  "onClickOpenAddDialogBtn",
  "onClickOpenEditDialogBtn"
]);

// to-do追加ボタンのクリックをルートコンポーネントへ通知❸
const clickOpenAddDialogBtn = () => {
  emit("onClickOpenAddDialogBtn");
};

// 鉛筆アイコンのクリックをルートコンポーネントへ通知❹
const clickOpenEditDialogBtn = (index) => {
  emit("onClickOpenEditDialogBtn", index);
};
</script>
```

```
<template>                                                    Ⓑ
  <div>
    <div class="my-button-container">
      <div @click="clickOpenAddDialogBtn" ❺
           class="btn btn-primary">
        ここをクリックしてto-doを追加
      </div>
    </div>
    <table class="my-table">
      <tbody>
      <tr v-for="(item,index) of props.todoData" ❻
           :key="item.id">❼
          <td>
            {{ item.task }}
          </td>
          <td @click="clickOpenEditDialogBtn(index)">❽
            <i class="bi bi-pencil"></i>
```

```
        </td>
      </tr>
      </tbody>
    </table>
  </div>
</template>
```

❶defineProps関数を使い、親コンポーネントから値を受け取るプロパティtodoDataを定義します。defineProps関数はVue.jsの組み込み関数なのでインポート不要です。

❷defineEmits関数を使い、親コンポーネンへ送信する独自イベントを定義します。defineEmits関数はVue.jsの組み込み関数なのでインポート不要です。
ここでは、2つのイベントを定義しています。

- onClickOpenAddDialogBtn
- onClickOpenEditDialogBtn

❸clickOpenAddDialogBtnは、onClickOpenAddDialogBtnイベントをルートコンポーネントへ送信します。

❹clickOpenEditDialogBtnは、onClickOpenEditDialogBtnイベントをルートコンポーネントへ送信します。

❺［ここをクリックしてto-doを追加］ボタンのクリックのハンドラーにclickOpenAddDialogBtnを設定します。

❻ルートコンポーネントから受け取ったprops.todoDataを使い、<tr>...</tr>を繰り返し出力します。indexにはtodoDataの配列インデックスが渡されます。

❼Vue.jsで繰り返し出力に必要なkeyを設定します。keyには一意の値であるto-doデータのidを代入します。

❽鉛筆アイコンのクリックのハンドラーにclickOpenEditDialogBtnを設定します。

Ⓐのブロック：SFCのスクリプト

Ⓑのブロック：SFCのテンプレート

5-4-12 Vue.js のDialogコンポーネントのコード

リスト5-46 src¥components¥DialogComp.vue

Ⓐ

```
<script setup>
//インポート❶
import {ref, onMounted} from "vue";

//親コンポーネントから受け取るプロパティ定義❷
const props = defineProps(["selectedTodo"]);

//親コンポーネントへ送信するイベント定義 ❸
const emit = defineEmits([
  "onClickRegBtn",
  "onClickUpdateBtn",
  "onClickDeleteBtn",
  "onClickCancelBtn"
]);

//状態変数の定義❹
const inputStr = ref("");

//ページ初期化完了時の処理❺
onMounted(() => {
  inputStr.value = props.selectedTodo.task;
});

//to-do新規登録か？❻
const isNewData = () =>
    (props.selectedTodo.id === 0);

//to-do登録ボタンクリックの通知❼
const clickRegBtn = () => {
  if (isCheckEmpty(inputStr.value)) return;
  emit("onClickRegBtn", inputStr.value);
};
```

```
//to-do更新ボタンクリックの通知❽
const clickUpdateBtn = () => {
  if (isCheckEmpty(inputStr.value)) return;
  emit("onClickUpdateBtn",
      {
        id: props.selectedTodo.id,
        task: inputStr.value
      });
};

//to-do削除ボタンクリックの通知❾
const clickDeleteBtn = () => {
  emit("onClickDeleteBtn", props.selectedTodo.id);
};

//to-do取消ボタンクリックの通知❿
const clickCancelBtn = () => {
  emit("onClickCancelBtn");
};

//入力欄の空欄チェックを行い、空欄の時はメッセージ表示⓫
const isCheckEmpty = (str) => {
  const isEmpty = (str.trim()==="");
  if (isEmpty) {
    alert("入力が空欄です");
    return true;
  } else {
    return false;
  }
};
</script>
```

Ⓑ

```
<template>
  <div>
```

```
    <div class="my-title">
      {{ isNewData() ? "追加" : "編集" }}
    </div>
    <div class="my-dialog">
      <div class="mb-3">
        <label for="inputTask" class="form-label">
          20文字以内で入力（{{ inputStr.length }}/20）
        </label>
        <input type="text" v-model="inputStr"
               id="inputTask" maxlength="20"
               class="my-input-task"/>⓬
      </div>
      <div class="my-button-container">
        <div
            @click="clickCancelBtn"⓭
            class="btn btn-outline-primary">
          取消
        </div>
        <div v-if="isNewData()"  ⓮
             @click="clickRegBtn"
             class="btn btn-primary">
          登録
        </div>
        <template v-else>⓯
          <div
              @click="clickDeleteBtn"
              class="btn btn-danger">
            削除
          </div>
          <div
              @click="clickUpdateBtn"
              class="btn btn-primary">
            更新
          </div>
        </template>
```

```
        </div>
      </div>
    </div>
  </template>
```

❶必要なリソースをインポートします。

- ページ初期化完了時に処理を呼び出すためのonMounted関数
- 状態変数の定義に必要なref関数

❷definePropsΟ関数を使い、親コンポーネントから値を受け取るプロパティselectedTodoを定義します。

❸defineEmits関数を使い、ルートコンポーネントへ送信する独自イベントを定義します。ここでは、以下の4種類のイベントを定義しています。

- onClickRegBtn
- onClickUpdateBtn
- onClickDeleteBtn
- onClickCancelBtn

❹入力欄と双方向データバインドする状態変数inputStrの定義をします。

❺ページ初期化完了後、入力欄にルートコンポーネントから受け取ったselecedTodo.taskの値を設定します。

❻to-doの新規登録か、更新か判定します。ルートコンポーネントから受け取ったselectedTodo.idが0のときはtrue、それ以外はfalseを返します。この値で、ダイアログのタイトルや表示するボタンを切り替えます。

❼［登録］ボタンのクリック時に、ルートコンポーネントへイベントを送信します。

- isCheckEmpty
  入力欄の空欄チェックをします。
- emit("onClickRegBtn", inputStr.value)
  ルートコンポーネントへのonClickRegBtnイベントを送信します。引数に、入力欄の文字列を渡します。

❽［更新］ボタンのクリック時に、ルートコンポーネントへイベントを送信します。

- isCheckEmpty
  入力欄の空欄チェックをします。
- emit("onClickUpdateBtn",{...})
  ルートコンポーネントへのonClickUpdateBtnイベントを送信します。引数に、更新するto-doデータを渡します。

❾［削除］ボタンのクリック時に、ルートコンポーネントへイベントを送信します。

- emit("onClickDeleteBtn", props.selectedTodo.id);
  ルートコンポーネントへのonClickDeleteBtnイベントを送信します。引数に、イベントで削除するto-doデータのidを渡します。

❿取消ボタンのクリック時に、ルートコンポーネントへイベントを送信します。

- emit("onClickCancelBtn");
  ルートコンポーネントへのonClickCancelBtnイベントを送信します。

⓫［登録］ボタンまたは［更新］ボタンがクリックされたときに入力欄が空欄の場合は「入力が空欄です」のメッセージを表示します。

⓬状態変数inputStrと入力欄を双方向データバインドします。

⓭取消ボタンのクリックのハンドラー関数clickCancelBtnを設定します。

⓮⓯［登録］ボタン、または［削除］と［更新］ボタンの組み合わせ、どちらかを出力します。

- <div v-if="isNewData(); else editBtn"...>登録</div>
- <template v-else><div … > 削 除 </div><div … > 更 新 </div></template>
  isNewData()がtrueの場合は［登録］ボタン表示、falseの場合はv-elseが記述された要素（［削除］と［更新］ボタン）を表示します。なお、<template>～</template>のブロックは、２つのボタンをまとめて表示・非表示できます。

Ⓐのブロック：SFCのスクリプト

Ⓑのブロック：SFCのテンプレート

5-4-13 まとめ

同じアプリを実装したコード比較してみて、どのように感じられたでしょうか。SPAが未経験の人にとっては、処理フローが少し複雑に感じられたかもしれません。

しかし、同じto-doリストアプリを実装したコードを読んで、自分または開発チームが馴染みやすいフレームワークの目処がついたのではないでしょうか。

本章をまとめると、以下のようになります。

1) アプリの処理の流れや構成

- 処理フロー、ロジックについてフレームワーク間で大きな違いはない。
- SPAではコンポーネント間の連携が緊密に行われる。

2) コンポーネント間の連携

- Reactではプロパティ経由で親から子コンポーネントへデータを渡し、子から親へは関数呼び出しでデータを渡す。
- AngularとVue.jsではプロパティ経由で親から子コンポーネントへデータを渡し、子から親へはイベント経由でデータを渡す。連携の仕組みは同じだが、実装コードは異なる。

3) コード

- JSX（React）とテンプレート構文（Angular、Vue.js）ではコードが大きく異なる。
- JSXはJavaScriptのスキルと、JSX記述への慣れが必要。しかし、慣れてしまえばJavaScriptでHTMLを自在に操れる醍醐味がある。
- テンプレート構文はHTMLの延長線上にあるため、開発者にとって馴染みやすい。
- AngularとVue.jsのテンプレート構文は、同様の機能を持っているがコードは異なる。

MEMO 「複雑なSPA」の実装コード

本章では「シンプルなSPA」である、to-doリストアプリを使ってフレームワークごとのコード比較をしました。もっと高度な機能を持つ「複雑なSPA」の実装例を公開しているサイトがあります。

■RealWorld　Sample Apps

https://codebase.show/projects/realworld?language=all

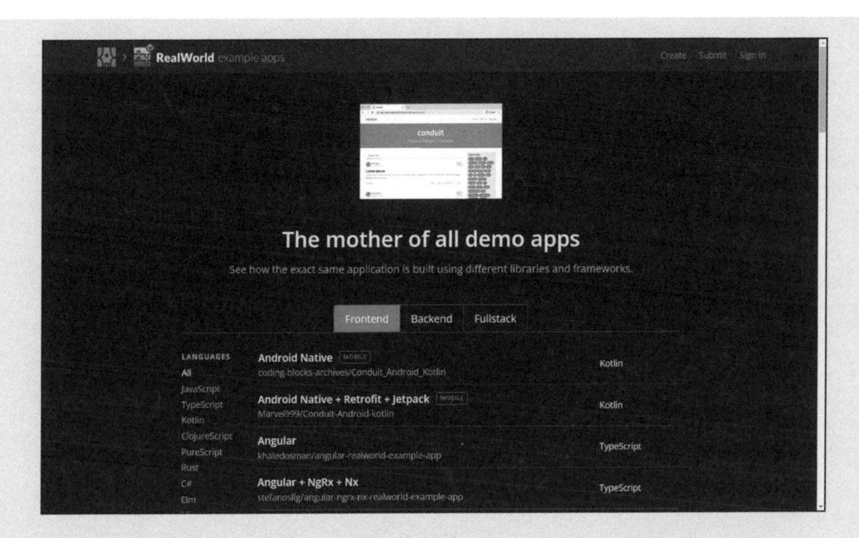

「conduit」という名前のBlogアプリをさまざまな開発環境で実装しています。conduitの主な機能は以下になります。

- ユーザー登録、ログイン、ログアウト
- 投稿の閲覧、投稿へのコメント、お気に入り登録
- 新規投稿、自分の投稿の編集
- 他のユーザーのフォローなど

また、React・Angular・Vue.jsでの実装では、以下の仕組みを実装した例が含まれます。

- ルーターを使った仮想URL
- ページ遷移ガード
- アプリ全体の状態管理
- WebAPI経由でバックエンドと連携
- トークンによる認証

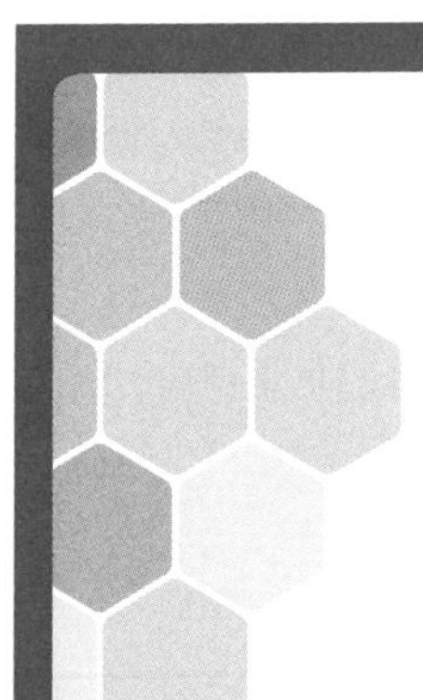

第6章 フレームワーク選択の考え方

6章では、ここまでの比較に基づいて自分にとって最適なフレームワークの選択を以下の手順で行います。

1. 選択する際の視点を理解します。
2. 導入事例で選択の具体的なイメージをつかみます。
3. Yes/Noチャートを使って最適なフレームワークを選択します。

6-1 選択のための視点

6-1-1 DOM操作の構文（JSXとテンプレート）

選択を大きく左右するのが、HTML生成の記述方法（DOM操作の構文）です。理由は、フレームワークごとの違いがはっきりしているうえ、DOM操作はフレームワークの主要機能だからです。DOMを操作する構文は、JSXとテンプレート構文に分かれます（表6-1）。

表6-1 フレームワークがサポートする構文

	React	Angular	Vue.js
JSX	○	×	（オプション）
テンプレート構文	×	○	○

ReactはJSX、Angularはテンプレート構文、Vue.jsはテンプレート構文とJSX両方をサポートします。ただし、Vue.jsの公式サイトではテンプレート構文を推奨、JSXは必要に応じて利用するオプションの位置づけです。したがって、JSXを利用するためにはReact、テンプレート構文を利用するためにはAngularまたはVue.jsが選択対象になります。なお、AngularとVue.jsのテンプレート構文に互換性はありません。

では、JSXとテンプレート構文を、開発者の視点から比べてみましょう。

[テンプレート構文]

一般論として、多くのWebエンジニアにとって習得しやすいのは、テンプレート構文です。なぜなら、すでに知っているHTML構文が拡張されたものであること、テンプレート構文でページを動的に生成するという手法はWebシステムのバックエンド（JSP、PHPなど）でも古くから利用されていることから、開発者にとって馴染みやすいものだからです。

また、AngularとVue.jsのSFCでは、JavaScript*1とテンプレートの記述が分離しているので、JavaScriptのベテランでなくても、開発に参加できます。テンプレート構文を理解すれば、HTMLを記述する感覚でテンプレートの作成だけを担当することが可能だからです。

[JSX]

JSXはMeta社が独自に仕様を策定した新しいJavaScriptの拡張構文ですので、JavaScriptのベテランであっても、新たな概念の理解と慣れが必要です。

また、HTMLタグの記述をJavaScriptの中に埋め込みますので、両者が混在したコードになります。したがって、JavaScriptが得意でない人が使いこなすのは難しいです。

では、JSXを利用する価値は何処にあるのでしょうか？React（JSX）がお気に入りの開発者は、以下のような評価をしています。

- JavaScriptのプログラミングで直感的にDOMを操作できる
- スクリプトとHTMLの記述が分離していないのでコードが作成しやすい

「テンプレート構文なんてまどろっこしい」、「快適かつ効率的なコード作成ができる」とコメントするのをよく耳にします。

一方で、JavaScriptプログラムのベテランであっても、JSXのコードにどうしても馴染めないこともあります。理由は、「JSXではHTMLとJavaScriptが混在してゴチャゴチャして違和感がある」、「HTMLとJavaScriptを分割して記述するテンプレート構文の方が、役割分担が明確でわかりやすい」などです。

＊1　AngularではTypeScript

つまり、JSXとテンプレート構文のどちらを選択するかは、開発者ごとの好みに依存するということです。したがって、4章と5章の実装コード*2を自分または開発チームで比較して、望ましいと感じる方を選択してください。

本書のタイトルが「コードレベルで比べるReact Angular Vue.js」となっているのも、このようにコードレベルで比較しないと納得のいく選択ができないからです。

なお、ネット上でReactが「プロフェッショナル向け」と評価されることがあります。これは、Reactそのものだけではなく、JSXを使いこなし、価値を見いだすレベルのJavaScriptのスキルが要求されるということを意味しています。JSXを選択した場合は、開発メンバーのJavaScriptスキルが十分か判断し、不十分であればスキル強化の計画が必要です。

6-1-2 アプリ実装パターン

実装パターン（「1-3　実装パターン」を参照）の視点から見ると、以下のような選択になります（表6-2）。

表6-2 フレームワークがサポートする実装パターン

	React	Angular	Vue.js
ページ埋め込み	○	サポートなし	○
シンプルなSPA	○	○	○
複雑なSPA	外部ライブラリが必要	○	外部ライブラリが必要

1) ページ埋め込み（CDNの利用）

AngularはSPAを前提に設計されていますので、SPAでないWebページへの埋め込みをサポートしていません。ReactまたはVue.jsは、サポートしています。

したがって、JSXを利用する場合はReact、テンプレート構文を利用する場合はVue.jsを選択します。JSXとテンプレート構文の違いは、「6-1-1　DOM操作の構文(JSXとテンプレート)」を参照してください。

＊2　5章末尾の[Memo]で紹介した「Realworld Sample Apps」の実装コードも参考になるかもしれません。

2) シンプルなSPA

React、Angular、Vue.jsすべてがサポートしています。

JSXを利用すると判断した場合はReact、テンプレート構文を利用すると判断した場合はAngularまたはVue.jsを選択します。ただし、「シンプルなSPA」を実装するのに多機能なAngularではオーバースペックです。「Angular経験者のサポートを受けられる」、「複雑なSPAへの拡張が決まっている」などの事情がなければ、機能がシンプルで習得が容易なVue.jsを選択するのが望ましいでしょう。

3) 複雑なSPA

React、Angular、Vue.jsすべてがサポートしていますが、複雑なSPAを開発するための機能が充実しているAngularが第1選択肢になります。

ReactとVue.jsの場合は、不足する機能を外部ライブラリで補う必要があります。これは、すでにフロントエンド開発の経験と体制が充実していている場合は、最新の技術の採用や、自分または開発チームにとって最適なチューニングが可能というメリットになります。しかし、そうでない場合は、外部ライブラリの選択と利用の手間が負担になります。

また、フレームワークが互換性のないバージョンアップを行った場合も違いが出てきます。Angularではフレームワークに含まれるツールや依存ライブラリが、同時にまるごとバージョンアップします。一方、外部ライブラリは対応するための変更が必要になります。そのために数か月待たされたり、対応しないで別のライブラリへの移行を推奨されたりすることが珍しくありません。これらは、フレームワーク本体のバージョンアップの遅れや、予想外の作業発生につながります。

これらを理解したうえで、外部ライブラリの利用を回避したい場合はAngular、外部ライブラリを使っても構わない場合はReactまたはVue.jsが選択肢になります。ReactとVue.jsの選択は、「シンプルなSPA」と同様に「JSXかテンプレート構文か」により判断します。

6-1-3 開発体制

開発体制もフレームワークの選択に影響します。

AngularまたはVue.jsであれば、JavaScriptとHTMLの構造を記述するテンプレートが分離しています（表6-3）。

表6-3 フレームワークごとのJavaScriptとHTMLの分離

	React	Angular	Vue.js
JavaScriptとHTMLの分離	×	○	○

そのため、JavaScriptのベテランでなくても、テンプレート構文を理解すれば、HTMLを記述する感覚でテンプレートの作成だけを担当する分業が可能です。

一方、React（JSX）ではJavaScriptとHTMLが混在していますので、分業が困難です。したがって、開発メンバーのJSXを扱うためのJavaScriptスキルが不足しており、このような分業を実施したい場合は、AngularまたはVue.jsが選択肢になります。

どうしてもReact(JSX)で分業したい場合は、JavaScriptのベテランとスキル不足の開発メンバーがペアでプログラミングを行うなどの方法を検討する必要があります。

MEMO Vue.jsでファイルの分離

Vue.jsではSrc Importsを使って、SFCの各ブロック（script, template, style）を別ファイルに分離すると、分業するのに便利です。

■Src Importによるファイル分離

https://v3.ja.vuejs.org/api/sfc-spec.html#src-imports

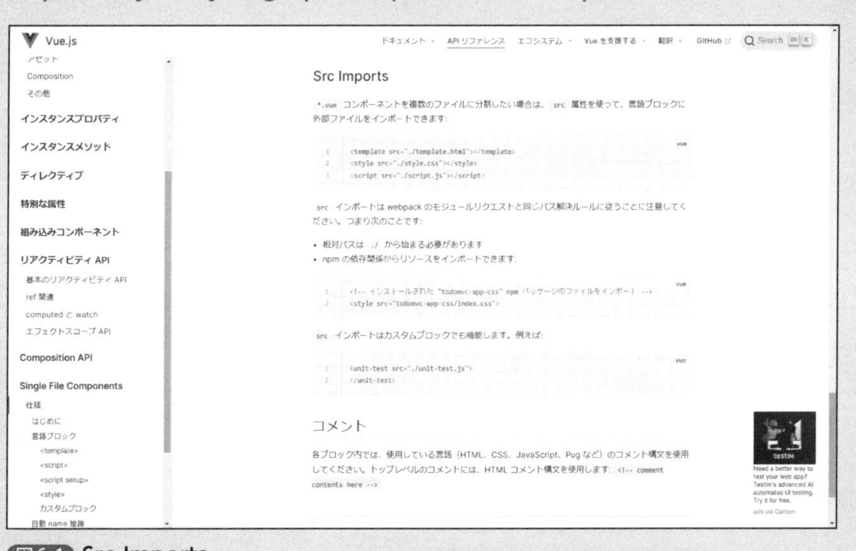

図6-1 Src Imports

6-1-4 学習目的

具体的な開発案件がなく、フレームワークの学習を目的にする場合は、アプリの実装パターンとして「ページ埋め込み」または「シンプルなSPA」になりますので、ReactまたはVue.jsになります。詳細は、「6-1-2　アプリ実装パターン」を参照してください。ただし、ReactはJSXに慣れる必要がありますので、学習の容易さの点からはVue.jsを推奨します。

6-1-5 その他

1) フレームワークのメンテナンス

基本的に、フレームワークのメジャーバージョンが行われると、後方互換が保たれずコードの変更が必要になります。各フレームワークのメジャーバージョンアップの頻度は異なります（表6-4）。

表6-4 フレームワークごとのメジャーバージョンアップの頻度

	React	Angular	Vue.js
メジャーバージョンアップの頻度	非定期	定期的 (6か月間隔)	非定期

Angularは定期的に、ReactまたはVue.jsは非定期に行われます。Angularの6か月間隔が短いと感じるかもしれませんが、重大なパッチのサポートが、リリースしてから18か月間ありますので、メジャーバージョンをその期間維持できます。また、ReactやVue.jsでは、同じメジャーバージョンであっても、より便利な新たな記述方法(hookやscript setupなど）が提供されたのをきっかけに、コードを書き替える判断が行われることがあるので、大きな違いになることは少ないです。

2) コード規約

コード規約（コードスタイルガイド）の策定と徹底は、システム稼働後のコードメンテナンスの負荷を左右する重要な要素です。各フレームワークの公式コードスタイルガイドの有無は異なります（表6-5）。

表6-5 フレームワークごとの公式コードスタイルガイドの有無

	React	Angular	Vue.js
公式コードスタイルガイド	なし	あり	あり

Reactの公式サイトでは、作りながらコードスタイルを考えるのが望ましいとの考え方で、スタイルガイドが提供されていません。したがって、Reactの場合はネットでコード規約の参考となる情報を探す、React開発のベテランをチームに加える、試行錯誤を繰り返すアジャイル的な開発手法を取り入れるなどの工夫が必要です。一方、AngularまたはVue.jsは、公式ガイドをもとにコード規約を作成できるので負担が少ないです。

3) 学習コスト

学習すべき主な技術はフレームワークごとに異なります（表6-6）。

表6-6 フレームワークごとの公式コードスタイルガイドの有無

	React	Angular	Vue.js
学習すべき主な技術	JSX	テンプレート構文 TypeScript RxJS サービスとDI	テンプレート構文

Vue.jsで利用するテンプレート構文は、HTMLの延長線上で理解できるので、新技術であるReactのJSXと比べて習得が容易です。

Angularは複数の新技術（テンプレート構文、TypeScript、RxJS、サービスとDI）の理解が必要なため、学習コストが最も高くなります。したがって、学習コストは、Vue.js＜React＜Angularになります。しかし、Angularの学習コストを軽減する方法があります。開発の分業です。たとえば、コードの作成作業を、テンプレート/コンポーネント/サービスで分割し、それぞれを別の開発者に割り振れば、担当者ごとに必要な学習を限定できます。これを実現するには、開発チームが作業分割できる規模の人数であること、分割と取りまとめを計画・調整するのにAngular開発経験者が必要という前提条件がありますが、大きな効果があります。

6-2 導入例

フレームワーク選択の具体的なイメージを把握するため、著者が知る導入事例を紹介します。

6-2-1 大規模ECサイト (React)

1) 課題

大手の消費者向けオンライン物販企業であるA社では、サイト訪問者の途中離脱を防ぐため、商品の選択から注文完了までの画面操作をよりわかりやすく、便利にするための改良をjQueryとJavaScriptで継続的に行ってきました。しかし、機能が増加するのに伴いコードが複雑になり、新機能の追加や改良が計画どおり進まず、遅れがちになっていました。

2) 解決策

課題を解決するため、jQueryをフロントエンド向けアプリケーションフレームワークに置換えて、開発のスピード向上と保守作業の軽減を目指すことを決定しました。

3) 開発方針

A社の開発チームは、フレームワークを利用した経験がありませんでした。そのため、フレームワーク未経験のリスクを抑えることを重視して、以下の方針を立てました。

- SPAへの全面移行ではなく、現行システムをページ単位で部分改良する
- 変更頻度が高い注文画面（関連画面を含む）のページに限定して、jQueyとJavaScriptのコードをフレームワークに置き換える
- フレームワークの安定動作を確認後、新機能の追加を行う
- 未経験の開発環境なので、アジャイル開発を採用。その中でもチーム内のコミュニケーションを重視して試行錯誤を繰り返す「SCRUM」の手法で開発スキルの共有を促進する。

4) 実装パターン

開発方針に従い、既存のページの一部にフレームワークコードを埋め込む「ページ埋め込み」を採用しました（図6-2）。

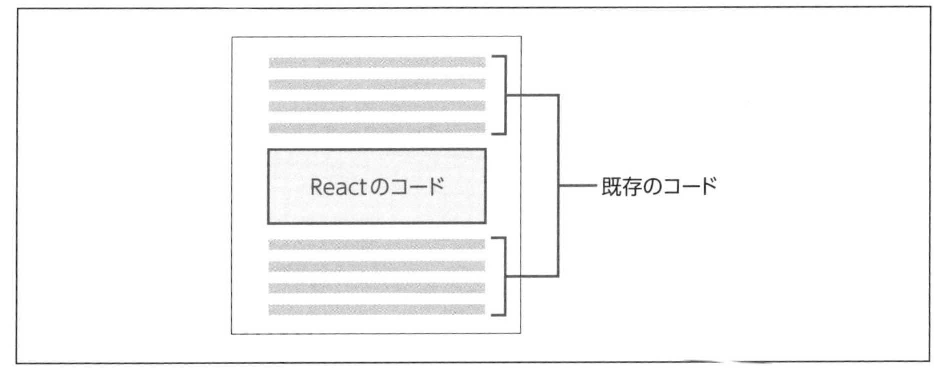

図6-2 コード埋め込みのイメージ

5) 開発体制

開発メンバー全員がJavaScriptとjQueryのベテランで、SCRUMの経験がありました。

6) React選択の理由

ページ埋め込みが可能であることと、DOMの操作（繰り返し出力や表示のオン・オフなど）がJavaScriptで直感的に処理できることが評価されました。大手企業であるMeta社が主導しているという安心感も決定を後押ししました。

7) 結果

開発開始時は、JSXの利用に戸惑いがありましたが、試行錯誤を繰り返すに従い、自在に使いこなせるようになりました。従来のjQueryとJavaScriptの組み合わせと比べコード量が減少、かつ読みやすくなったので、新機能の追加がスムーズに行えるようになり、プロジェクトは成功しました。

開発完了後、作成したコードを読み返してみると、試行錯誤に伴うコード記述のバラツキが目立ったため、リファクタリングを実施しました。また、このリファクタリングの経験を元に、開発チーム内で使用するコード規約を策定し、今後のコード品質の向上を目指しました。

8) 解説

フレームワーク未経験のリスクを踏まえ、段階的なフレームワーク導入やアジャイル開発の採用により、成功した事例です。ただし、この事例のように後付けでコード規約を作成するよりも、React開発経験者のサポートを受けて、開発開始時に準備した方が開発効率は高まります。

6-2-2 損害保険代理店システム (Angular)

1) 課題

損害保険会社B社は、代理店システムをWindowsで動作するプログラム(.NET Framework)を配布し、各代理店のPCにインストールする方法で運用していました。代理店は、PCの操作に不慣れな担当者が多くいます。電話サポートで「インストールできない」「とにかく動作しない」などの押し問答になって解決せず、訪問サポートが頻繁に発生し、サポートコストの増加が問題になっていました。

2) 解決策

代理店システムをWebへ移行すれば、課題が解決するのはわかっていましたが、画面の処理が複雑すぎて、断念していました。たとえば、損害保険の見積もり条件を入力する画面では、数十個の入力欄が依存関係を持ち、入力した値がリアルタイムに関連する入力項目の表示に反映されるという動作が求められるため、jQueryとJavaScriptの組み合わせでは簡単に対応できませんでした。

しかし、最新のフロントエンド向けアプリケーションフレームワークを活用すれば、Webでも複雑な画面処理が可能なことがわかり、代理店システム全体をWebに移行することを決定しました(図6-3)。

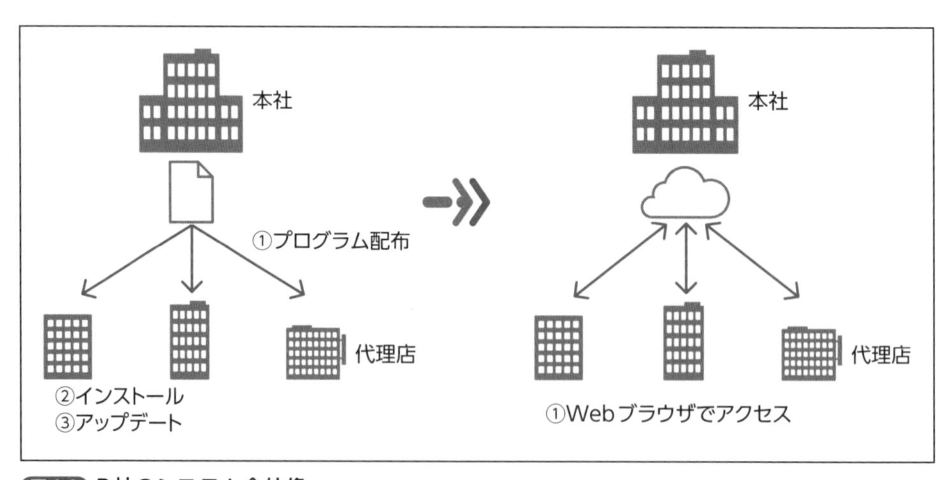

図6-3 B社のシステム全体像

3) 開発方針

B社の開発チームは、フレームワークを利用した経験がありませんでした。さらに、複雑な画面処理を伴うコード(.NET Framework)をWebへ全面移行する必要がありました。これらのリスクを抑えることを重視して、以下の方針を立てました。

- 代理店の混乱を避けるため、画面レイアウト・操作は基本的に変更しない
- 画面の動作の互換性を担保するため、現行システムを理解している開発者を参画させる
- フレームワーク活用のコンサルタントを採用する
- コード規約を開発開始前に策定し、開発者全員に研修を行う

4) 実装パターン

複雑な画面遷移が必要なため、「複雑なSPA」パターンで実装しました。

5) 開発体制

開発者は約100名です。うち、TypeScriptに対応できるJavaScriptのベテランは7割だったため、ベテランがコンポーネントのクラス定義やサービスの実装を、それ以外はテンプレートやCSS、ドキュメントの作成を担当する分業体制をとりました。また、開発者とは別に、Angular開発のコンサルタントを採用し、システム全体のデザイン、コード規約の策定、開発メンバーへのAngular研修を行いました。研修の内容は、「Angularの基礎」、「代理店システムの一部を切り出した移植後のサンプルコード」、「コード規約の解説」です。なお、研修はTypeScriptに対応できるJavaScriptのベテランとそれ以外で学習内容を分けて行いました。動作テストは、現行システム(.NET Framework)を理解している担当者が行いました。

6) Angular選択の理由

Angularが大規模システムに必要な機能を幅広くカバーしていることが決定の理由です。他のフレームワークは、外部ライブラリとの組み合わせが必要だったのに対し、Angularはフレームワーク単体で対応できるので、トラブルのリスクが低いと評価されました。定期的なバージョンアップが行われ、計画的なメンテナンス作業ができる点にも、好感を持たれました。Googleが、自社のサービスに採用しているので、長期のサポートが期待できるのも大きなポイントでした。

7) 結果

急ごしらえの開発チームだったため、スキル不足のリスクを抱えたままでのスタートとなりましたが、Angular開発のコンサルタントを採用し、Angular研修を開発開始時に十分行ったため、無事に開発完了しました。

当初のプロジェクト計画では、開発はAngular開発に習熟したエンジニアを十分に確保し、現行システム（.NET Framework）担当のエンジニアがAngularのテンプレート構文で画面を作成すれば、研修は最小限で良いという方針でした。しかし実際は、Angular開発に習熟した人材の十分な確保は困難で、現行システム担当者でWeb開発のスキルを持つ人は少数でした。そのため、研修の追加・充実を行いました。

8) 解説

Angularを選択する場合、大規模システムであることが多いので、短期間で大量のエンジニアを確保する必要に迫られることが良くあります。そのような場合、この事例のように前提スキルを満たす開発者を十分に確保できないのが一般的です。難しいことですが、うまく分業を行い、各開発者は最小限のスキル条件で開発を遂行できる工夫が必要です。分業と研修の計画立案には、Angular開発に習熟した経験者の手助けが不可欠です。

6-2-3 特定業種向け取引システム（Vue.js）

1) 課題

ある特定業種の企業間取引（注文と受注）は、主に電話で行われていました。単に1対1の取引であれば電話でも大きな問題になりませんが、この取引は多数の取引先に片っ端から電話で照会し、複数の取引先から在庫をかき集める必要があり、発注に時間と手間がかかっていました。

2) 解決策

スタートアップ企業C社は、この特定業種の企業間取引（注文と受注）をオンライン化してサービスすることで、新たなビジネスが生まれると考えました（図6-4）。

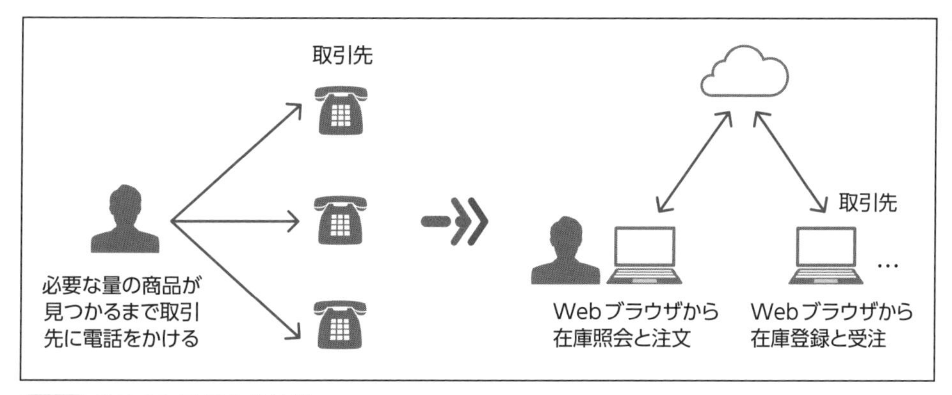

図6-4 C社のシステム全体像

3) 開発方針

スタートアップ企業C社には、システム開発部門はないので、以下の条件で外部のシステム開発会社に開発を依頼しました。

- システム構築を全面的に依頼する
- 今回のシステムは使い勝手が最重要、電話の方が簡単と評価されたらアウト
- 使い勝手を良くするために画面の外観は頻繁に変更したい
- C社内で画面の変更ができれば理想的
- C社内の担当者はホームページのHTMLをメンテナンスできる程度のスキル

4) 実装パターン

決済を伴わないシステム（月締めで請求書を送付）なので、「在庫照会と発注」、「在庫登録と受注」という数画面で構成される「シンプルなSPA」パターンで実装しました。

5) 開発体制

開発は外部のシステム開発会社が1か月かけて完成させました。

6) Vue.jsを選択した理由

システム開発を依頼した会社がVue.jsを選択しました。Angularは、オーバースペックのため選択対象にならず、ReactはC社の担当者がメンテナンスする際に、JavaScriptのスキルが求められるので除外されました。Vue.jsであれば、テンプレー

ト部分を別ファイルすることで、C社の担当者がメンテナンス可能と考えたからです。

7) 結果

開発を依頼したシステムは問題なく動作し、無事納品されました。納品後、C社の担当者はシステム開発を依頼した会社から、実際のコードでテンプレート部分の修正方法を指導してもらい、ある程度の外観の変更に対応できるようになりました。手順は以下になります。

[準備]

1. システム会社が、C社用のテスト環境を準備
2. システム会社が、C社の担当者にテスト環境でのテンプレート変更方法を教える

[メンテナンス]

1. C社の担当者が、テスト環境でテンプレートの変更と表示確認を行う
2. C社の担当者が、システム会社に変更を依頼
3. システム会社が、テスト環境で変更の動作確認
4. システム会社が、本番環境に変更を適用

8) 解説

この事例のように、プログラムの開発・修正はシステム会社に外注しつつ、プログラムの経験がないHTMLのスキルを持った人が、画面の修正を無理なくできるのがVue.jsの1つの特徴です。もちろん、テンプレートの変更で対応できる範囲は限られますが、このシステムとメンテナンス手順は、C社から高い評価を受けています。

6-3 Yes/Noチャートによる選択

6-3-1 Yes/Noチャート

いよいよ最終的なフレームワークの選択です。これまでの解説をYes/Noチャートにまとめました（図6-5）。これを使って納得のいく選択を行ってください。なお「ページ組込み」「シンプルなSPA」「複雑なSPA」の3つの実装パターンの定義は、「1-3　実装パターン」を参照してください。

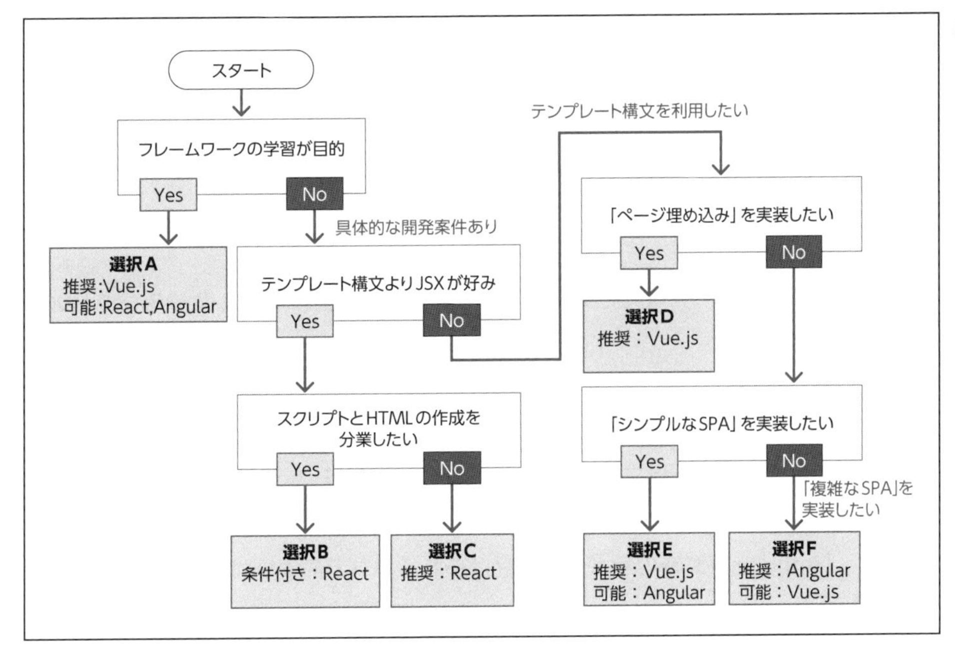

図6-5 フレームワーク選択のためのYes/Noチャート

6-3-2 選択結果の解説

ほとんどの選択結果には、条件や留意事項がありますので確認してください。

1) 選択A

学習目的の場合は、新たな学習が少なくて済むVue.jsを推奨します。これまでのHTMLとJavaScriptを組み合わせた実装方法の延長線上にあるからです。

ReactまたはAngularの選択も可能ですが、Angularの場合は多機能なため学習コストが大きく、Reactの場合はJavaScriptのベテランであっても、JSXについて新たな概念の理解と慣れが必要です。

2) 選択B

JSXを使い、スクリプトとHTML作成の分業が必要な場合は、条件付きでReactを選択します。React (JSX)はスクリプトとHTMLが混在しているので、スクリプトとHTML作成の分業は困難です。どうしても分業したい場合は、JavaScriptのベテランとスキル不足の開発メンバーがペアでプログラミングを行うなどの工夫をする必要があります。

3) 選択C

JSXを使い、スクリプトとHTML作成の分業が不要な場合は、Reactを推奨します。ただし、JSXを使いこなすJavaScriptのスキルが要求されます。また、JavaScriptのベテランであっても、JSXについて新たな概念の理解と慣れが必要です。

4) 選択D

テンプレート構文を使って「ページ埋め込み」を実装したい場合はVue.jsを推奨します。

5) 選択E

テンプレート構文を使って「シンプルなSPA」を実装したい場合はVue.jsを推奨します。Angularも選択可能ですが、オーバースペックで学習コストも高いため、「Angular経験者のサポートを受けられる」などの事情がなければ推奨しません。

6) 選択F

テンプレート構文を使って「複雑なSPA」を実装したい場合はAngularを推奨します。Vue.jsも選択可能ですが、不足する機能を外部ライブラリで補う必要があります。外部ライブラリを使用するメリットとデメリットを理解したうえで判断します。詳細は「6-1-2　アプリ実装パターン」の「3）複雑なSPA」を参照してください。

6-4 まとめ

このように、フレームワーク選択には客観的に判断できる、「利用目的・開発者スキル・実装パターン」などに加え、「JSXとテンプレート構文のどちらを好むか？」という開発者の主観的評価（好み）が含まれます。

本書のタイトルが「コードレベルで比べるReact Angular Vue」とあるのは、コードレベルで開発のイメージがつかめていれば、主観的な評価を含めて、納得のいく選択ができると考えたからです。そのために、ソースコードの解説にページを多く割きました。Yes/Noチャートの前に、じっくり時間をかけてソースコードを比べてみてください。

本書が、皆様の納得のいくフレームワーク選択の助けになれば幸いです。

索 引

●数字

7zip ･･････ 58, 88, 109, 170

●A

Angular ･･････ 2, 29
　CDN ･･････ 73
　trackby ･･････ 146
　イベント処理 ･･････ 136
　生い立ち ･･････ 29
　開発環境 ･･････ 73
　記述スタイル ･･････ 32
　コード実装ガイドライン ･･････ 33
　コンポーネント作成例 ･･････ 31
　設計方針 ･･････ 30
　テストページのコード確認 ･･････ 79
　メンテナンス ･･････ 35
Angular CLI ･･････ 74

●B

Babel ･･････ 56

●C

CDN ･･････ 43
Composition API ･･････ 41
Create React App ･･････ 64
create-vue ･･････ 95
crossorigin属性 ･･････ 55

●D

DI（依存性の注入） ･･････ 33
DOM（Document Object Model） ･･････ 4

●H

HMTL出力（サンプル＃1）
　Angularのコード ･･････ 124
　Reactのコード ･･････ 124
　Vue.jsのコード ･･････ 125

●J

JavaScript ･･････ 3
　map()メソッド ･･････ 146
jQuery ･･････ 3
JSX ･･････ 22, 96, 252
　使えないHTML構文 ･･････ 126

●M

Measurng Performance ･･････ 72

●N

Node.js ･･････ 58, 65, 75, 88, 95, 109, 170

●P

package.json ･･････ 61, 91

●R

React ･･････ 2, 21
　CDN ･･････ 53
　イベント処理 ･･････ 135
　生い立ち ･･････ 22
　開発環境 ･･････ 53
　記述スタイル ･･････ 24
　コード実装ガイドライン ･･････ 25
　設計方針 ･･････ 22
　ツールチェーン ･･････ 63
　テストページのコード確認 ･･････ 68
　フック ･･････ 122
　メンテナンス ･･････ 28
　リストとkey ･･････ 147
RealWorld Sample Apps ･･････ 248
RxJS ･･････ 31

●S

SFC（Single File Component）……39
Src Imports……255

●T

to-doリストアプリの実装コード
　AngularのDialogコンポーネントのコード……224
　AngularのListコンポーネントのコード……222
　Angularのコンポーネント連携のコード……210
　Angularのフォルダ構造……172
　Angularのルートコンポーネントのコード……216
　ReactのDialogコンポーネントのコード……205
　ReactのListコンポーネントのコード……203
　Reactのコンポーネント連携のコード……192
　Reactのフォルダ構造……171
　Reactのルートコンポーネントのコード……197
　Vue.jsのDialogコンポーネントのコード……243
　Vue.jsのListコンポーネントのコード……241
　Vue.jsのコンポーネント連携のコード……230
　Vue.jsのフォルダ構造……173
　Vue.jsのルートコンポーネントのコード……235
　コンポーネントの構成……176
　コンポーネントの役割分担……177
　コンポーネント連携（イベント処理）……182
　コンポーネント連携（子へのデータ渡し）……180
　状態変数の構造……178
　処理フローの概要……180
TypeScript……30

●V

Vite……44, 93
Vue Router……44
Vue.js……2, 37
　CDN……88
　CompositionAPI……122
　SFC（Single File Component）……123
　イベント処理……136
　生い立ち……38
　開発環境……86
　記述スタイル……40
　コード実装ガイドライン……42
　コンポーネント作成例……39
　設計方針……39
　ツールチェーン……93
　テストページのコード確認……100
　プロパティバインドの制約……132
　メンテナンス……44

●あ行

イベント処理（サンプル＃4）
　Angularのコード……134
　Reactのコード……133
　Vue.jsのコード……134
インクリメンタルDOM……5

●か行

学習コスト……257
仮想DOM……4
繰り返し表示（サンプル＃6）
　Angularのコード……143
　Reactのコード……142
　Vue.jsのコード……144
コード規約……256
子コンポーネントへデータ渡し（サンプル＃9）
　Angularのコード……159
　Reactのコード……158
　Vue.jsのコード……162

コンポーネント……6
入れ子構造……7
親コンポーネント……7
兄弟コンポーネント……8
子コンポーネント……7
孫コンポーネント……8

●さ行

サンプルコードのフォルダ構造
Angularのコード……112
Reactのコード……110
Vue.jsのコード……116
サンプルのルートコンポーネント
Angularのコード……115
Reactのコード……111
Vue.jsのコード……118
実装パターン……15
シンプルなSPA……16
複雑なSPA……18
ページ埋め込み……15
状態管理ライブラリ……10

●た行

遅延ロード……19
データバインド……3
データバインド（サンプル＃2）
Angularのコード……128
Reactのコード……127
Vue.jsのコード……128
テンプレート構文……252
導入例……258

●は行

表示・非表示切り替え（サンプル＃5）
Angularのコード……138
Reactのコード……137
Vue.jsのコード……140
ビルド……14
Developmentビルド……14
Productionビルド……14
フォーム入力取得（サンプル＃7）
Angularのコード……149
Reactのコード……148
Vue.jsのコード……150
フック……24
フレームワーク……1
比較……46
フレームワークの選択
DOM操作の構文……251
YES/Noチャートによる選択……264
アプリ実装パターン……253
開発体制……254
学習目的……256
プロパティバインド（サンプル＃3）
Angularのコード……130
Reactのコード……130
Vue.jsのコード……131
変更検知と再レンダリング（サンプル＃8）
Angularのコード……153
Reactのコード……151
Vue.jsのコード……155

●ま行

メジャーバージョンアップ……256

●ら行

ルーター……12

●著者紹介

末次 章(すえつぐ あきら)
スタッフネット株式会社 代表取締役
日本IBMを経て現職。「新技術でビジネスを加速する」をモットーに、最新Web技術を常に先取りした研究・開発を続けている。
最近では、モダンWebの企業向けオンライン研修とWebXRに注力している。

●本書についての最新情報、訂正、重要なお知らせについては下記Webページを開き、書名もしくはISBNで検索してください。ISBNで検索する際は－(ハイフン)を抜いて入力してください。

https://bookplus.nikkei.com/catalog/

●本書に掲載した内容についてのお問い合わせは、下記Webページのお問い合わせフォームからお送りください。電話およびファクシミリによるご質問には一切応じておりません。なお、本書の範囲を超えるご質問にはお答えできませんので、あらかじめご了承ください。ご質問の内容によっては、回答に日数を要する場合があります。

https://nkbp.jp/booksQA

コードレベルで比べるReact Angular Vue.js
フレームワークの選択で後悔しないために

2022年10月24日 初版第1刷発行

著　　者　末次 章
発 行 者　村上 広樹
編　　集　田部井 久
発　　行　株式会社日経BP
　　　　　東京都港区虎ノ門4-3-12 〒105-8308
発　　売　株式会社日経BP マーケティング
　　　　　東京都港区虎ノ門4-3-12 〒105-8308
装　　丁　コミュニケーションアーツ株式会社
DTP制作　株式会社シンクス
印刷・製本　図書印刷株式会社

ISBN978-4-296-07049-7　Printed in Japan